かっこいい小学生になろう

Z会
グレードアップ
問題集 改訂版

JN097882

小学 **3・4**年

理科

●はじめに

Ｚ会は「考える力」を大切にします

　『Ｚ会グレードアップ問題集』は，教科書レベルの問題集では物足りないと感じている方・難しい問題にチャレンジしたい方を対象とした問題集です。当該学年での学習事項をふまえて，発展的・応用的な問題を中心に，一冊の問題集をやりとげる達成感が得られるよう内容を厳選しています。少ない問題で最大の効果を発揮できるように，通信教育における長年の経験をもとに"良問"をセレクトしました。単純な反復練習ではなく，１つ１つの問題にじっくりと取り組んでいただくことで，本当の意味での「考える力」を育みます。

実験や観察の結果から考察し，説明できる力を養成します

　理科は，実験や観察を通して，科学的な見方や考え方を身につけていく教科です。本書では，教科書では詳しく扱われていない内容も含まれていますが，問題文をきちんと読めば教科書レベルの知識で解けるような工夫がしてあります。もっている知識と初見の内容を組み合わせた問題に取り組むことにより，思考力・応用力を伸ばすことができます。また，記述問題も出題し，実験や観察の結果からわかったことや考えたことを，的確に表現できる力を養成します。そのような力は，高学年になってからの学習や中学でも必要になってきます。

この本の使い方

1 この本は全部で46回あるよ。
第1回から順番に，1回分ずつやろう。

2 1回分が終わったら，おうちの人に丸をつけてもらおう。

3 知っていたら かっこいい！ でしょうかいしていることは，友だちも知らない知識だよ。学校で友だちにじまんしよう。

保護者の方へ

　お子さまの学習効果を高め，より高いレベルの取り組みをしていただくために，保護者の方にお子さまと取り組んでいただく部分があります。「解答・解説」を参考にしながら，お子さまに声をかけてあげてください。

　お子さまが問題に取り組んだあとは，丸をつけてあげましょう。また，各設問の配点にしたがって，点数をつけてあげてください。

　🖐️マークがついた問題は，発展的な内容を含んでいますので，解くことができたら自信をもってよい問題です。大いにほめてあげてください。

いっしょにむずかしい問題に，ちょうせんしよう！

イーマル　　ミルマリ　　イワンコ

目次

第 1 回 自然観察に行こう

学習日　　　　　月　　日

得点　　／100点

1 ある春の晴れた日に，たろうさんが右のような服装で校外の自然観察にでかけようとしたところ，先生から服装を直すよう注意を受けました。このことについて，あとの問いに答えなさい。(30点)

1　先生は服装をどのように直すように注意したでしょうか。かんたんに書きなさい。(20点)

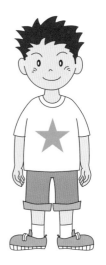

2　たろうさんが右上の図のような服装のまま自然観察にでかけたとき，どのようなこまったことが起こりますか。次の**ア**〜**ウ**の中から1つ選び，記号を書きなさい。(10点)

ア 歩きにくく，足がすぐにつかれる。

イ 虫にさされたり，かまれたりしやすい。

ウ 鳥の鳴き声が聞き取りにくい。

（　　　）

2 虫めがねの使い方について，あとの問いに答えなさい。(30点)

1　虫めがねを使って，動かせるものを見るには，どのようにすればよいですか。次の**ア**〜**ウ**の中から1つ選び，記号を書きなさい。(10点)

ア 虫めがねを目の近くに持ち，見るものを虫めがねに近づけたり虫めがねから遠ざけたりして見る。

イ 虫めがねを目からはなして持ち，見るものを虫めがねに近づけたり虫めがねから遠ざけたりして見る。

ウ 虫めがねをものの近くに持ち，目を虫めがねに近づけたり虫めがねから遠ざけたりして見る。

（　　　）

2 虫めがねを使って，動かせないものを見るには，どのようにすればよいですか。次の**ア・イ**のどちらかを選び，記号を書きなさい。(10点)

ア 虫めがねを目からはなして持ち，虫めがねを動かさずに見る。

イ 虫めがねを目に近づけたり目から遠ざけたりして見る。

( )

3 虫めがねを使って観察してはいけないものを次の**ア〜ウ**の中から1つ選び，記号を書きなさい。(10点)

ア ホウセンカのたねのような小さなもの。

イ アリのように動きまわるもの。

ウ 太陽のようにまぶしく光るもの。

( )

3 学校の中でいろいろな植物や動物を観察しました。これについて，あとの問いに答えなさい。(40点)

1 日当たりがよく，土がかわいている校庭によく見られる植物を次の**ア〜ウ**の中から1つ選び，記号を書きなさい。(10点)

ア チューリップ　**イ** タンポポ　**ウ** ゼニゴケ

( )

2 校舎の近くにある石の下には，からだの長さが1cmくらいで，さわるとすぐにからだを丸める動物がいました。この動物の名前を次の**ア〜ウ**の中から1つ選び，記号を書きなさい。(10点)

ア クロオオアリ　**イ** モンシロチョウ　**ウ** ダンゴムシ

( )

3 草むらにはナナホシテントウがいました。ナナホシテントウのはねにある7つの黒い点のもようを，次の図にかきこみなさい。(20点)

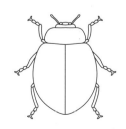

第 **2** 回　**植物を育てよう**

3年生　4年生

学習日　　　　　月　　日

得点　　　／100点

1　右の図は，ビニルポットにまいたホウセンカのたねを 表 したものです。あとの問いに答えなさい。
（40点）

1　ホウセンカのたねをまいてどれくらいたつと，土の中から子葉が出てきますか。次の**ア～ウ**の中から１つ選び，記号を書きなさい。（10点）

ア　１～２時間　　　　**イ**　３～７日　　　　**ウ**　１～２か月

（　　　　）

2　ホウセンカの２まいの子葉の間から葉が何まいか出てきたので，ビニルポットから花だんに植えかえることにしました。どのように植えかえればよいですか。次の**ア～ウ**の中から１つ選び，記号を書きなさい。（15点）

ア　細かい根を切らないようにして，根のまわりの土ごと花だんに植える。

イ　細かい根を，土といっしょに半分ほどとりのぞき，花だんに植える。

ウ　じょうぶそうな根を１本だけ残して，残りの根を土といっしょにすべてとりのぞき，花だんに植える。

（　　　　）

3　ホウセンカは，花だんに植えかえたあとも葉をどんどん出して大きく育ちました。出てきた葉はどのような形をしていますか。次の**ア～ウ**の中から１つ選び，記号を書きなさい。（15点）

ア　すべての葉が子葉と同じ形をしている。

イ　子葉とはちがう形をしている。

ウ　子葉と同じ形の葉とちがう形の葉が同じ数ずつある。

（　　　　）

2 夏になると，右の写真のように，まどをおおうようにヘチマなどの植物をしげらせるようすがみられます。こうすることで，建物の中の温度を上がりにくくすることができます。その理由を，「太陽」ということばを使ってかんたんに書きなさい。(20点)

( )

3 花だんで育てていたヘチマに花がさきました。よく観察すると図の①・②の2種類の花があることがわかりました。あとの問いに答えなさい。(40点)

①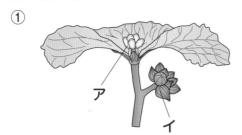

②

1 2種類の花のうちの一方にだけ実がなることがわかりました。実がなるほうの花を図の①・②のどちらかから1つ選び，番号を書きなさい。(10点)

( )

2 ヘチマのたねはどこにできますか。図の**ア〜エ**の中から1つ選び，記号を書きなさい。(15点)

( )

3 秋の終わりにヘチマのたねをしゅうかくし，しばらく外においてかわかしました。春になったらまたヘチマのたねをまいて育てようと思います。それまでたねはどのようにしてとっておけばよいですか。次の**ア〜ウ**の中から1つ選び，記号を書きなさい。(15点)

ア 水の入ったびんに入れてふたをしっかりしめ，おいておく。

イ ぼうなどでたたき，こなにしてからふくろに入れ，れいぞうこに入れておく。

ウ ふくろに入れ，直接日光が当たらないすずしい場所においておく。

( )

学習日	得点
月　日	／100点

1 　次の写真は，春の野原でよくみられる植物の花を，晴れた日の昼にさつえいしたものです。あとの問いに答えなさい。（60点）

タンポポ

オオイヌノフグリ

シロツメクサ

1 　タンポポの花は，たくさんの小さな花が集まって１つの大きな花のように見えます。タンポポと同じように，たくさんの小さな花が集まっている植物を，次の**ア～エ**の中から１つ選び，記号を書きなさい。（10点）

ア　チューリップ　　　**イ**　ヒマワリ　　　**ウ**　アサガオ　　　**エ**　ツツジ

（　　　　　）

2 　右の写真は，タンポポの花を晴れた日の夕方にさつえいしたものです。晴れた日の昼にさつえいした写真とくらべて，花のようすはどうちがいますか。かんたんに書きなさい。（20点）

（　　　　　　　　　　　　　　　　　　　　　　　）

3 　オオイヌノフグリの花の特ちょうとして正しいものを，次の**ア～ウ**の中から１つ選び，記号を書きなさい。（15点）

ア　１つの花の大きさは，500円玉くらいである。
イ　１つの花に，花びらが10まいある。
ウ　花の真ん中に，何本かの細長いものがついている。

（　　　　　）

④ シロツメクサの葉はどのような形をしていますか。次の**ア〜エ**の中から｜つ選び，記号を書きなさい。(15点)

ア  イ ウ エ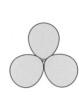

（　　　）

2 右の図は，アブラナのくきの上のほうのつくりを表しています。アブラナについて，あとの問いに答えなさい。

(40点)

① アブラナの花のさく順番として正しいものを，次の**ア〜エ**の中から｜つ選び，記号を書きなさい。(20点)

ア　くきの下のほうから上に向かって順にさく。

イ　くきの上のほうから下に向かって順にさく。

ウ　くきの真ん中あたりから上下に向かって順にさく。

エ　すべての花が一度に全部さく。

（　　　）

② アブラナのたねを集めてしぼると，ある食べ物ができます。その食べ物を，次の**ア〜ウ**の中から｜つ選び，記号を書きなさい。(20点)

ア　しお　　イ　さとう　　ウ　あぶら

（　　　）

「アブラナ」という名前の中に
答えがかくれているよ。

学習日　　　月　　日　　得点　　／100点

1 インゲンマメのたねから芽が出るためには何が必要かを調べるために，次の実験をしました。あとの問いに答えなさい。(50点)

実験　同じビニルポットを 6 つ用意して，3 つには土を入れ，残りの 3 つにはわたを入れる。土やわたの上にインゲンマメのたねを 1 つずつおく。6 つのビニルポットを次の**ア～カ**のようにして芽が出るか調べる。

	土を入れたビニルポット			わたを入れたビニルポット		
	ア	**イ**	**ウ**	**エ**	**オ**	**カ**
水	あり	なし	あり	あり	なし	あり
日光	あり	あり	なし	あり	あり	なし
結果	○	×	○	○	×	**?**

※○は芽が出たこと，×は芽が出なかったことを表す。

1　実験について書かれた次の文の（　①　）～（　③　）にあてはまることばをそれぞれ書きなさい。(各10点)

　　アと**イ**では，（　①　）のあり・なしだけがちがいます。（　①　）があるときだけ芽が（　②　）ので，インゲンマメのたねから芽が出るためには，（　①　）は必要（　③　）ことがわかります。

　①（　　　　　　）　②（　　　　　　）　③（　　　　　　）

2　**オ**では，どうして芽が出なかったと考えられますか。次の**あ～え**の中から 1 つ選び，記号を書きなさい。(10点)

あ　土がなかったから。　　　　**い**　日光がなかったから。

う　水がなかったから。　　　　**え**　土と水の両方がなかったから。

（　　　）

3　表の**?**には，○と×のどちらが入ると思いますか。「○」・「×」のどちらかを書きなさい。(10点)

（　　　）

2 ヒマワリについて，あとの問いに答えなさい。(30点)

① ヒマワリのたねはどれですか。次の**ア〜エ**の中から１つ選び，記号を書きなさい。(10点)

ア　イ　ウ　エ

（　　　　）

② ヒマワリの育ち方として正しいものを，次の**ア〜オ**の中から２つ選び，記号を書きなさい。(両方できて20点)

ア　つるをぼうなどにまきつけながら上へとのびる。

イ　くきはまっすぐ上のほうに向かってのびる。

ウ　くきは上にのびるとともにかたく太くなり，木のみきになる。

エ　たねから子葉が出たあと，１年以内にかれる。

オ　たねから子葉が出たあと，数十年かれずに生き続ける。

（　　　　）（　　　　）

3 セイヨウタンポポやヒメジョオン，セイタカアワダチソウなどは，もともと日本にはなかった植物です。外国からもちこまれ，げんざいでは日本でたくさん見られるようになりました。これらのように外国からきた植物が日本でたくさんふえると，もともと日本にあった植物はどうなると考えられますか。かんたんに書きなさい。(20点)

（　　　　　　　　　　　　　　　　　　　　　　　　　　　）

知っていたら かっこいい！　**たねをまかずに育てる植物**

　どんな植物も，育てるためにはまずたねをまかないと，と思っていませんか。実は，たねではないものから育てる植物もあります。たとえば，ジャガイモはいもを地面に植えて育てます。また，チューリップやスイセンは，球根を植えて育てます。料理などで使ったネギの根元をすてずに土にさしておくと，そこからまたネギがのびてきて，食べることができますよ。

1 ある晴れた日，りかこさんはモンシロチョウが飛んでいるのを見て，チョウをたまごから育ててみたくなりました。あとの問いに答えなさい。（50点）

1　モンシロチョウのたまごは，どこをさがすと見つけられますか。次の**ア**〜**エ**の中から１つ選び，記号を書きなさい。（10点）

　ア　キャベツやダイコンが植えられた畑

　イ　サンショウやミカンの木が生えている山

　ウ　大きな木の根元の土の中

　エ　田んぼの水の中

（　　　　）

2　モンシロチョウのたまごはどれですか。次の**ア**〜**ウ**の中から１つ選び，記号を書きなさい。（10点）

ア 　　**イ** 　　**ウ**

（　　　　）

3　りかこさんは，モンシロチョウのたまごを見つけたので持ち帰り，虫かごに入れて観察を始めました。モンシロチョウのたまごについて書かれた次の文の（　①　）〜（　③　）にあてはまることばを，下の**ア**〜**ケ**の中からそれぞれ１つずつ選び，記号を書きなさい。（各10点）

> 　モンシロチョウのたまごは，（　①　）くらいの大きさです。たまごはうすい黄色から少しずつ（　②　）色にかわっていきます。やがて，たまごからよう虫が出てきます。たまごから出てくると，よう虫はすぐに（　③　）を食べます。

　ア　1mm　　**イ**　5mm　　**ウ**　1cm　　**エ**　緑　　**オ**　オレンジ
　カ　黒　　**キ**　植物の葉　　**ク**　花のみつ　　**ケ**　たまごのから

①（　　　　）　②（　　　　）　③（　　　　）

2 そうすけさんのクラスでは，教室でアゲハのよう虫を育てています。①～③は，そうすけさんのアゲハの観察カードです。**?** の部分には，観察したときにさつえいした写真が入っています。あとの問いに答えなさい。(50点)

①
6月 3日21℃
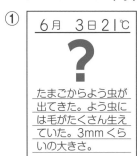
たまごからよう虫が出てきた。よう虫には毛がたくさん生えていた。3mmくらいの大きさ。

②
6月12日21℃

からだの色が白と黒で，とりのふんみたい。1cm3mmくらいになった。

③
6月19日21℃
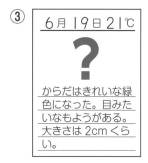
からだはきれいな緑色になった。目みたいなもようがある。大きさは2cmくらい。

1 アゲハのよう虫の入った虫かごは，教室のどこにおくとよいですか。次の**ア・イ**のどちらかを選び，記号を書きなさい。(10点)

ア 日光がよく当たる，まどぎわのロッカーの上

イ 日光が当たらない，ろうか側のロッカーの上

(　　　)

2 ②の観察カードの**?**には，どの写真が入りますか。次の**ア～ウ**の中から1つ選び，記号を書きなさい。(10点)

ア 　　**イ** 　　**ウ**

(　　　)

3 ③の観察をしたときによう虫にそっとさわったところ，よう虫はくさいにおいのする黄色のつのを出しました。その理由を，次の**ア～ウ**の中から1つ選び，記号を書きなさい。(10点)

ア えさとなる虫をおびきよせるため。　　**イ** なかまをよぶため。

ウ てきに食べられないよう，いかくするため。

(　　　)

4 ③の観察の1週間後，アゲハのよう虫は虫かごのかべにからだを糸でくっつけ，動かなくなりました。このあと，よう虫はどうなったと考えられますか。かんたんに書きなさい。(20点)

(　　　　　　　　　　　　　　　　　　　)

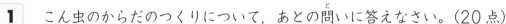

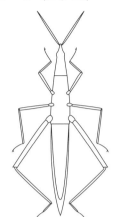

第 6 回　こん虫とこん虫でない虫

3年生　4年生

学習日　　　月　　日

得点　　　／100点

1　こん虫のからだのつくりについて，あとの問いに答えなさい。（20点）

1　右の図は，ショウリョウバッタのからだのつくりを表しています。ショウリョウバッタのむねの部分を黒くぬりつぶしなさい。（10点）

2　こん虫のはねについて書かれた文として正しいものを，次のア～エの中から1つ選び，記号を書きなさい。（10点）

ア　こん虫のはねは，はらから出ている。

イ　こん虫のはねは，むねから出ている。

ウ　すべてのこん虫には，4まいのはねがある。

エ　すべてのこん虫にははねがあるが，はねの数は種類によってちがう。

（　　　　　）

2　たろうさんは家の庭でクモを見つけたので，クモのからだのつくりをあとで調べようと思い，絵にかきました。しかし，クモはすぐににげてしまったので，とちゅうからはクモのすがたを思い出しながらかきました。図1は，たろうさんがかいた絵です。あとの問いに答えなさい。（40点）

図1

1　図かんで調べたところ，たろうさんが見つけたのは図2のクモだとわかりました。図2とくらべると，図1にはおかしいところがあるとわかります。そのことをまとめた次の文の（　①　）～（　③　）にあてはまることばを書きなさい。（各10点）

図2

> じっさいはクモのあしの数は（　①　）本で，からだは（　②　）つの部分に分かれている。また，クモには（　③　）はない。

①（　　　　　）　②（　　　　　）　③（　　　　　）

2 クモはこん虫といえますか。いえる場合は「○」，いえない場合は「×」を書きなさい。（10点）

（　　　　　）

3 はるかさんは，これまでに見たことのあるいろいろな生き物がこん虫かどうか，写真を見て考えることにしました。あとの問いに答えなさい。（40点）

1 こん虫のなかまかどうかは，こん虫に共通するからだのつくりの2つの特ちょうがあてはまるかどうかを見ればわかります。特ちょうのうちの1つは，「からだが頭・むね・はらの3つの部分に分かれている」です。もう1つの特ちょうをかんたんに書きなさい。（20点）

（　　　　　　　　　　　　　　　　　　）

2 次の**ア～オ**は，はるかさんが見たことのある生き物の写真です。こん虫のなかまを**ア～オ**の中からすべて選び，記号を書きなさい。（20点）

ア　アリ

イ　フナムシ

ウ　ハチ

エ　カタツムリ

オ　ミミズ

（　　　　　　　）

知っていたら **かっこいい！** 　**節足動物のなかま**

　こん虫類やクモ類は，節足動物というなかまに入っています。節足動物は，からだの中にほねをもたないかわりに，からだの外側がからでおおわれています。節足動物にはほかに，ムカデなどの多足類，そしてエビやカニなどの甲殻類がいます。

　ダンゴムシは陸上で生活していますが，甲殻類です。深海には，体長が最大で50cmにもなるダイオウグソクムシという甲殻類の動物がすんでいて，見た目は大きなダンゴムシのようです。

ダイオウグソクムシ

　一方，しっぽの先に毒ばりをもつことで知られるサソリは，見た目からエビやカニのなかまのように思われますが，クモ類です。

学習日	得点
月　日	／100点

1 ゆきさんと先生が, こん虫の育ち方について話しています。次の会話を読んで, あとの問いに答えなさい。(60点)

先生：ゆきさんは, カブトムシとシオカラトンボの育ち方を知っているかな。

ゆき：カブトムシは, たまごから (①) というように成長します。シオカラトンボは, たまごから (②) というように成長します。

先生：そうだったね。カブトムシのような育ち方を「完全変態」, シオカラトンボのような育ち方を「不完全変態」というんだよ。

ゆき：そういえば, わたしはトンボのよう虫は見たことがありません。どこにすんでいるのですか。

先生：トンボのよう虫は (③) ともよばれ, (④) にすんでいるよ。

ゆき：では, トンボのたまごは (④) にうみつけられるんですね。

1 上の文の (①)・(②) にあてはまることばを, 次の**ア**〜**エ**の中からそれぞれ１つずつ選び, 記号を書きなさい。(各10点)

ア よう虫, さなぎ　　　　　**イ** よう虫, 成虫

ウ よう虫, さなぎ, 成虫　　**エ** よう虫, 成虫, さなぎ

①（　　　　　）　②（　　　　　）

2 次の**ア**〜**カ**のこん虫の育ち方は, 完全変態か不完全変態のどちらかです。完全変態であるものと不完全変態であるものをそれぞれすべて選び, 記号を書きなさい。(各10点)

ア オオクワガタ　　　**イ** トノサマバッタ　　　**ウ** エンマコオロギ

エ オオカマキリ　　　**オ** クロオオアリ　　　　**カ** ミツバチ

完全変態（　　　　　　　　）

不完全変態（　　　　　　　　）

3 上の文の (③)・(④) にあてはまることばをそれぞれ書きなさい。

(各10点)

③（　　　　　　　　）　④（　　　　　　　　）

2 チョウやガのなかまには，さなぎの時期があります。いろいろなチョウ，ガのさなぎについて，あとの問いに答えなさい。(40点)

1 カイコガのよう虫は，さなぎになる前に口から糸を出してまゆをつくり，その中でさなぎになります。図1は，カイコガのまゆです。カイコガのまゆは，人間に加工されて，あるものとして利用されています。あるものとはなんですか。次の**ア～エ**の中から1つ選び，記号を書きなさい。(10点)

図1

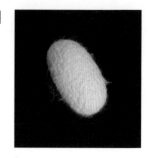

ア アルミホイル　　**イ** 絹糸　　**ウ** 画用紙　　**エ** さとう

(　　　　)

2 モンシロチョウのさなぎには，いろいろな色があります。さなぎの色がどうやって決まるか考えるために，図2の実験をしました。この実験からわかることを，次の**ア～ウ**の中から1つ選び，記号を書きなさい。(10点)

図2

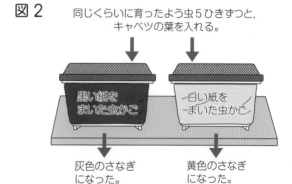

同じくらいに育ったよう虫5ひきずつと，キャベツの葉を入れる。

黒い紙をまいた虫かご　　白い紙をまいた虫かご

灰色のさなぎになった。　　黄色のさなぎになった。

ア まわりの色によって，さなぎの色が決まる。
イ まわりの温度によって，さなぎの色が決まる。
ウ よう虫が食べたものの色によって，さなぎの色が決まる。

(　　　　)

3 図3は，さなぎから出てきたばかりのアゲハの成虫です。さなぎから出てしばらくたった，花だんなどを飛びまわっている成虫とどんなところがちがいますか。かんたんに書きなさい。(20点)

図3

(
　　　　　　　　　　　　　　　　　　　　　　　　　)

学習日		得点
	月　　日	／100点

1 いろいろなこん虫の食べ物とすみかについて，あとの問いに答えなさい。

(50点)

1　アブラゼミ，カブトムシ，ナナホシテントウのよう虫と成虫は，何を食べますか。次の**ア〜カ**の中からそれぞれ１つずつ選び，記号を書きなさい。ただし，同じ記号を何度使ってもよいこととします。(各5点)

ア 花のみつ　　　**イ** 土の中のくさった葉　　　**ウ** 木のしる

エ アブラムシ　　**オ** 水の中の小さな生き物　　**カ** キャベツの葉

アブラゼミのよう虫 （　　　　　）　　　　アブラゼミの成虫 （　　　　　）

カブトムシのよう虫 （　　　　　）　　　　カブトムシの成虫 （　　　　　）

ナナホシテントウのよう虫 （　　　　　）

ナナホシテントウの成虫 （　　　　　）

2　ゲンジボタルのよう虫は川の水の中にすみます。ゲンジボタルのよう虫の食べ物を，次の**ア〜エ**の中から１つ選び，記号を書きなさい。(10点)

ア サクラの葉　　　**イ** 川にすむカワニナという貝

ウ 木のしる　　　　**エ** 海にすむトコブシという貝

（　　　　　）

ゲンジボタルのよう虫は，食べ物がある場所にすんでいるよ。

3　よう虫から成虫の間ずっと，おもに水の中や水辺にすむこん虫はどれですか。次の**ア〜オ**の中から１つ選び，記号を書きなさい。(10点)

ア タイコウチ　　　**イ** アキアカネ　　　**ウ** モンシロチョウ

エ ミンミンゼミ　　**オ** カナブン

（　　　　　）

2 こん虫の口は, それぞれの食べ物を食べやすい形になっています。成虫が「食べ物をなめやすい口」・「食べ物をかみちぎりやすい口」をしているものを, 次の**ア〜カ**の中から2つずつ選び, 記号を書きなさい。(各5点)

ア カブトムシ **イ** オオカマキリ **ウ** アブラゼミ
エ トノサマバッタ **オ** イエバエ **カ** アゲハ

食べ物をなめやすい口 (　　　　) (　　　　)

食べ物をかみちぎりやすい口 (　　　　) (　　　　)

トノサマバッタの成虫は, 葉っぱをむしゃむしゃ食べるんだ。

3 植物をすみかにしているこん虫の中には, からだの色や形を植物ににせているものがあります。あとの問いに答えなさい。(30点)

① キャベツ畑で見つけたモンシロチョウのよう虫のからだの色は, キャベツの葉によくにています。そのことは, モンシロチョウのよう虫にとってどんな利点があると考えられますか。かんたんに書きなさい。(20点)

[　　　　　　　　　　　　　　　　　　　　　　　　　　　　　　　　]

② 右の写真の中には, 植物ににせたからだの色や形をしたこん虫が1ぴきかくれています。さがして○でかこみなさい。
(10点)

21

太陽とかげ ①

学習日　　　月　　日　　得点　／100点

1 晴れた日に，かげの向きの変化について観察しました。あとの問いに答えなさい。(60点)

図1

1 まず，かげができる方位を調べるために，図1の道具を使いました。この道具の名前を書きなさい。(10点)

（　　　　　　　　　）

2 図1の道具を使って方位を調べ，図2のように北を向いて立ちました。そのとき，左手はどちらの方位をさしますか。「北」・「南」・「東」・「西」のいずれかを書きなさい。(10点)

図2

（　　　　）

3 北を向いて立ったとき，かげは図2のように左手側にできました。このときの時刻は何時ごろだと考えられますか。次の**ア～ウ**の中から1つ選び，記号を書きなさい。(10点)

ア 午前10時ごろ　　**イ** 正午ごろ　　**ウ** 午後2時ごろ

（　　　　）

4 方位がわかったので，地面に紙を置いてぼうをまっすぐに立て，1時間おきにぼうのかげを紙にうつし，かげの向きの変化を観察しました。かげの向きは，どのように変化したと考えられますか。次の**ア～ウ**の中から正しいものを1つ選び，記号を書きなさい。(10点)

ア ぼうを中心にして，時計回りに動くように変化した。
イ ぼうを中心にして，反時計回りに動くように変化した。
ウ 変化しなかった。

（　　　　）

⑤ 　④の観察から，かげのできる向きだけでなく，かげの長さも，時刻によって変化することがわかりました。かげの長さが変化する理由をかんたんに書きなさい。(20点)

(　　　　　　　　　　　　　　　　　　　　　　　　　　　　　　　)

2 　日本では，夏と冬では太陽がのぼる位置がちがいます。右の図は，夏と冬のある日の正午に，太陽がどの位置にあるかを表しています。このように，夏は冬よりも太陽が高いところまでのぼります。夏と冬にできるかげについて，あとの問いに答えなさい。(40点)

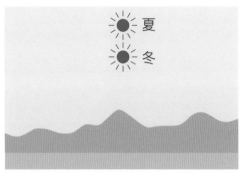

① 　夏と冬のある晴れた日の正午に，地面に立てられた同じぼうにできるかげを観察しました。ぼうのかげの長さはどうだったと考えられますか。次の**ア**～**ウ**の中から正しいものを１つ選び，記号を書きなさい。(10点)

ア　夏のほうが，冬よりもぼうのかげは長かった。

イ　冬のほうが，夏よりもぼうのかげは長かった。

ウ　夏も冬も，ぼうのかげの長さは同じだった。

(　　　)

② 　夏と冬のちがいについてまとめた次の文の（　①　）～（　③　）にあてはまることばを，下の**ア**～**エ**の中からそれぞれ１つずつ選び，記号を書きなさい。なお，同じ記号を何度使ってもよいものとします。(各10点)

> 夏と冬でくらべると，太陽がのぼり始める時刻が早いのは（　①　）です。また，太陽がしずみ始める時刻が早いのは（　②　）です。正午にできるかげの向きは，夏と冬で（　③　）です。

ア　夏　　**イ**　冬　　**ウ**　同じ　　**エ**　反対

①（　　　　　）　②（　　　　　）　③（　　　　　）

朝，早く明るくなるのは夏？　冬？
夜，早く暗くなるのは夏？　冬？

第 10 回　太陽とかげ ②

学習日		得点
	月　　日	／100点

1　晴れた日に，日なたと日かげのようすのちがいを観察しました。あとの問いに答えなさい。(40点)

1　日なたと日かげの空気の温度を，温度計を使ってはかりたいと思います。温度計の目もりを読むときは，どこから温度計のえきの先を見ればいいですか。右の図の**ア**〜**ウ**の中から１つ選び，記号を書きなさい。
(10点)

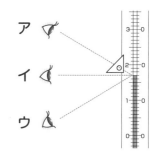

（　　　　　）

2　午後２時にはかったとき，空気の温度が高かったのは日なたと日かげのどちらですか。「日なた」・「日かげ」のどちらかを書きなさい。(10点)

（　　　　　）

3　日なたと日かげにはどんな生き物を多く見られるか，観察しました。日かげで多く見られる生き物を，次の**ア・イ**のどちらかから１つ選び，記号を書きなさい。(10点)

ア　キタテハ，ニホントカゲ，タンポポ　　**イ**　ダンゴムシ，コケ

（　　　　　）

4　せんたく物をかわかすとき，日なたと日かげのどちらにほせばはやくかわきますか。「日なた」・「日かげ」のどちらかを書きなさい。(10点)

（　　　　　）

2　右の図にかかれたかげには，おかしいところが２つあります。それぞれかんたんに書きなさい。
(各15点)

（　　　　　　　　　　　　　　）
（　　　　　　　　　　　　　　）

3 Ｉ日の間に昼と夜があるのは，地球がこまのように回転していて，太陽の光が当たる時間と当たらない時間があるためです。太陽の光が当たっている間を昼，太陽の光が当たらない間を夜とし，あとの問いに答えなさい。(30点)

① 図Ｉのように，太陽に対して地球がまっすぐに回転しているとします。すると日本では，昼と夜の長さは同じになります。

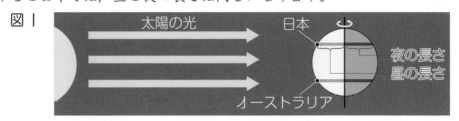

図Ｉ

このとき，オーストラリアの昼と夜の長さはどうなりますか。次の**ア〜ウ**の中からＩつ選び，記号を書きなさい。(15点)

ア 昼が夜より長くなる。　　　**イ** 昼と夜の長さは同じになる。
ウ 夜が昼より長くなる。

（　　　）

② じっさいは，図２のように，太陽に対して地球はかたむいて回転しています。日本の冬の時期は図２のようになり，日本では，夜が昼より長くなります。

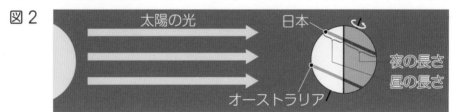

図２

このとき，オーストラリアの昼と夜の長さはどうなりますか。次の**ア〜ウ**の中からＩつ選び，記号を書きなさい。(15点)

ア 昼が夜より長くなる。　　　**イ** 昼と夜の長さは同じになる。
ウ 夜が昼より長くなる。

（　　　）

知っていたら かっこいい！ **昼がない日・夜がない日がある？！**

日本では必ず，Ｉ日の間に昼と夜がありますが，世界には，Ｉ日中昼の日や，Ｉ日中夜の日がある場所もあります。たとえば，日本の冬の時期，北極の近くではＩ日中太陽がのぼらず，ずっと夜が続きます。反対に，同じ時期に，南極の近くではＩ日中太陽がしずみません。上の図２でたしかめてみましょう。

学習日	得点
月　　　日	／100点

1 　ある晴れた日に，鏡を使って太陽の光をはねかえすいろいろな実験をしました。あとの問いに答えなさい。(40点)

1　鏡を手に持ち，図1のように日かげに太陽の光を当てました。自分はその場から動かずに，かべにあたった光を右に動かしたいとき，どうすればよいですか。かんたんに書きなさい。(20点)

図1

（　　　　　　　　　　　　　）

2　次に，3まいの鏡で太陽の光をはねかえし，日かげのかべに集めました。図2はそのときのかべのようすです。かべをさわったとき，最もあたたかく感じるのはどこですか。図2の**ア〜オ**の中から1つ選び，記号を書きなさい。(10点)

図2

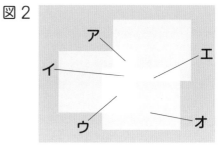

（　　　　）

3　最後に，何まいかの鏡で太陽の光をはねかえし，光の道すじをつくりました。図3はそのときのようすです（使った鏡はかいてありません）。このとき，全部で何まいの鏡を使ったと考えられますか。数を書きなさい。(10点)

図3

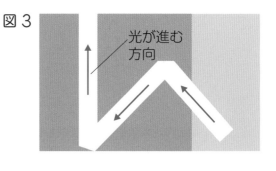

光が進む方向

（　　　　）まい

2 次の図は，虫めがねのレンズを通った太陽の光の進み方を表しています。レンズを通った光はいちど一点に集まり，そのあと広がっていきます。あとの問いに答えなさい。（60点）

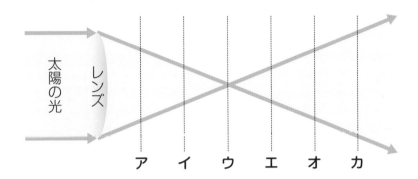

太陽の光　レンズ
ア　イ　ウ　エ　オ　カ

1　アの位置に黒い紙をおいたときと明るい部分の大きさが同じになるのは，黒い紙をどこにおいたときですか。図のイ〜カの中から1つ選び，記号を書きなさい。（20点）

（　　　　）

2　黒い紙を最もはやくこがすことができるのは，黒い紙をどこにおいたときですか。図のア〜カの中から1つ選び，記号を書きなさい。（20点）

（　　　　）

3　イの位置に黒い紙をおいたときの光とかげのうつり方として正しいものを，次の①〜③の中から1つ選び，番号を書きなさい。なお，点線は，虫めがねのレンズの大きさをしめしています。（20点）

① 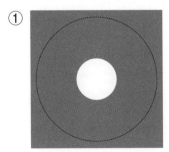　② 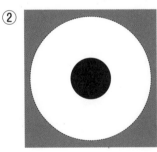　③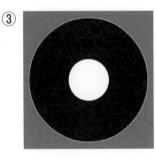

（　　　　）

学習日	得点
月　日	／100点

1 太陽の光と色について，あとの問いに答えなさい。（60点）

1 4本の同じペットボトルに同じ量の水を入れ，そのうち2本には白い紙を，残りの2本には黒い紙をまいて，図1のように日なたと日かげにおきました。

図1

日なた　日かげ
ア　イ　ウ　エ

2時間後にそれぞれのペットボトルの中の水の温度をはかったとき，最も温度が高かったのはどれですか。図1のア〜エの中から1つ選び，記号を書きなさい。なお，実験前の水の温度は4本とも同じだったとします。

（10点）

（　　　　）

2 色以外は同じ，赤・白・青・黒のシャツをせんたくして，太陽の光がしっかりと当たるようにほしました。このとき，何色のシャツが最もはやくかわくと考えられますか。「赤」・「白」・「青」・「黒」のいずれかを書きなさい。

（10点）

（　　　　）

3 太陽の光と色についてまとめた次の文の（　①　）〜（　③　）にあてはまることばを，下のア〜エの中からそれぞれ1つずつ選び，記号を書きなさい。（各10点）

> 白いものと黒いものに太陽の光をあてたとき，あたたまるのがおそいのは（　①　）いほうです。それは，（　②　）よりも（　①　）のほうが太陽の光をはねかえし（　③　）色だからです。

ア　白　　イ　黒　　ウ　やすい　　エ　にくい

①（　　　　）　②（　　　　）　③（　　　　）

4 わたしたちが日焼けするのは，太陽の光がからだに直接当たるからだけではありません。図2のように，地面に当たった太陽の光がはねかえされてからだに当たることも，日焼けの原因の１つです。

図2

　よく晴れた日に，白くぬった地面に立つときと黒くぬった地面に立つときでは，どちらのほうが日焼けしやすいといえますか。「白」・「黒」のどちらかを書きなさい。（10点）

（　　　　　）

2 太陽の光は太陽のある方向からまっすぐ進んできますが，かい中電灯の光はまわりに広がるように進みます。図１，図２のように，ボールに太陽の光とかい中電灯の光を当てて，かべにできるボールのかげの大きさを調べました。あとの問いに答えなさい。（40点）

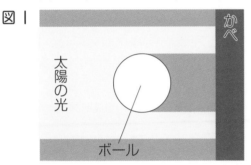

図１

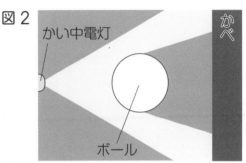

図2

① 太陽の光，かい中電灯の光でできるボールのかげの大きさとして正しいものを，次の**ア**〜**ウ**の中からそれぞれ１つずつ選び，記号を書きなさい。ただし，同じ記号を何度使ってもよいものとします。（各10点）

ア ボールより大きい　　**イ** ボールと同じ　　**ウ** ボールより小さい

太陽の光（　　　　　）　　かい中電灯の光（　　　　　）

② ボールをかべ側に動かすと，ボールのかげの大きさはどう変化しますか。次の**ア**〜**ウ**の中からそれぞれ１つずつ選び，記号を書きなさい。ただし，同じ記号を何度使ってもよいものとします。（各10点）

ア 動かす前より大きくなる。　　**イ** 変化しない。
ウ 動かす前より小さくなる。

太陽の光（　　　　　）　　かい中電灯の光（　　　　　）

1 てんびんについて，あとの問いに答えなさい。(40点)

1　左右で同じ太さの定規とプラスチックのカップを使って，図１のてんびんをつくりました。右のカップはものさしの真ん中から何cmのところにつり下げていますか。数を書きなさい。なお，カップは同じものを使い，糸の重さは考えなくていいものとします。(10点)

図１

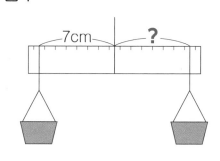

7cm　　　　？

(　　　　　　)cm

2　図１のてんびんの左のカップに10円玉，右のカップに50円玉を１まいずつ入れると，左が下がりました。10円玉と50円玉のどちらが重いといえますか。「10円玉」・「50円玉」のいずれかを書きなさい。(10点)

(　　　　　　　　　)

3　図１とまったく同じてんびんをもう１つつくろうとしましたが，定規がもうなかったので，かわりに定規と同じ長さの図２のわりばしを使いました。カップに何も入れていないとき，このてんびんはどうなりますか。かんたんに書きなさい。なお，糸をつけた位置は，図１のてんびんとまったく同じにしてあります。(20点)

図２

(　　　　　　　　　　　　　　　　　　　　　　　)

2 ものの重さについて，あとの問いに答えなさい。(20点)

1　100gの水に3gの食塩を入れてよくまぜたところ，食塩はすべて水にとけ，見えなくなりました。このときできた食塩水は何gですか。数を書きなさい。　(10点)

(　　　　　　)g

2 体重 25kg の子どもがいろいろなかっこうで体重計にのりました。体重計のはりが 25kg より小さい数字をしめすものを，次の**ア～ウ**の中から１つ選び，記号を書きなさい。(10点)

ア 　**イ** 　**ウ**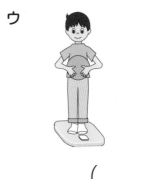

（　　　　　）

3 まみさんがお父さんと料理をつくっています。はかりの使い方について，あとの問いに答えなさい。(40点)

1 トマトをはかりにのせると，右の写真のようにはりが動きました。トマトの重さは何 g ですか。数を書きなさい。
　　　　　　　　　　　　　　　　(10点)

（　　　　　）g

2 次の文は，マカロニの重さをはかっているときのまみさんとお父さんの会話です。文の中の（　①　）～（　③　）にあてはまる数をそれぞれ書きなさい。(各10点)

　　まみ：マカロニは１こで何 g かな。あれ？　はかりにのせても，軽すぎて目もりが読みとれないよ。
　　　父：そういうときは，いくつかまとめてのせてごらん。
　　まみ：10 このせると……，ちょうど 10g だよ。10g を（　①　）でわって，１つ（　②　）g だとわかるね。
　　　父：そのとおり。じゃあ，マカロニ 100 こは何 g かわかるかな？
　　まみ：（　③　）g だね！

　　①（　　　　　）　　②（　　　　　）　　③（　　　　　）

学習日　　　　月　　日

得点　　　／100点

1　木・鉄・はっぽうポリスチレンでできた，同じ大きさの3種類の球があります。それぞれの球1つ分の重さをはかると，次の表のようになりました。あとの問いに答えなさい。(50点)

	木	鉄	はっぽうポリスチレン
重さ (g)	40	790	3

1　木の球10ことはっぽうポリスチレンの球10こを合わせた重さ**ア**と，鉄の球1この重さ**イ**では，どちらが重いですか。**ア・イ**のどちらかから1つ選び，記号を書きなさい。(15点)

(　　　　)

2　はっぽうポリスチレンの球と木の球を半分に切ってくっつけ，右の図のような球をつくりました。この球1この重さはどれくらいになりますか。次の**ア〜ウ**の中から1つ選び，記号を書きなさい。(15点)

ア　40gより重い。
イ　3gより重く40gより軽い。
ウ　3gより軽い。

(　　　　)

3　同じ重さの木・鉄・はっぽうポリスチレンがあります。それらの大きさをくらべると，どんなことがいえますか。かんたんに書きなさい。(20点)

(
　　
)

2 図1のような, たて1cm, 横1cm, 高さ1cm の大きさのものの重さについて, あとの問いに答えなさい。(50点)

図1

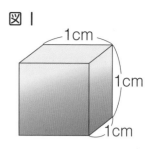
1cm
1cm
1cm

1 図1のものと同じ大きさの水は1gです。水5gは, 図1のものの何こ分と同じ大きさですか。数を書きなさい。(15点)

( ) こ

2 図1のものと同じ大きさで8gの金ぞくがあります。この金ぞくでできた, たて2cm, 横2cm, 高さ2cmのものの重さは何gですか。数を書きなさい。

(15点)

( ) g

3 2種類の物しつでできた, 図1の大きさのものがたくさんあります。①は1こで9g, ②は1こで4gです。図2のように, ①を左の皿, ②を右の皿に, なるべく少ない数ずつのせて, てんびんをつり合わせます。左の皿と右の皿には, ①と②を何こずつのせればいいですか。それぞれ数を書きなさい。

(両方できて20点)

図2

① ② ①

① ( ) こ   ② ( ) こ

知って いたら **かっこいい!** 引力

　ものとものは, おたがいに引きつけ合っています。たとえば, つくえの上にあるえんぴつと消しゴムも, 目に見えない力で引きつけ合っています。わたしたち人間と地球の間にも, 引きつけ合う力がはたらいています。わたしたちがからだの重さを感じるのは, 地球に引っぱられているからなのです。この, ものとものとが引きつけ合う力を「引力」といいます。月と地球の間にも引力がはたらいており, 地球の海でしおの満ち引きが見られるのは, 月の引力によって海水が引っぱられていることが原因の1つです。

学習日	月　　日	得点	／100点

1 風のはたらきについて, あとの問いに答えなさい。(50点)

1 風を起こすための道具はどれですか。次の**ア～ウ**の中から1つ選び, 記号を書きなさい。(10点)

　　ア 鏡　　　**イ** うちわ　　　**ウ** 虫めがね

（　　　　　）

2 風の力によって動く乗り物はどれですか。次の**ア～エ**の中から1つ選び, 記号を書きなさい。(10点)

　　ア 電車　　　**イ** 自動車　　　**ウ** ヨット　　　**エ** 自転車

（　　　　　）

3 図1は「送風機」という風を出す装置です。
送風機が出す風の力を強くするには, はねの回し
方をどうすればよいですか。次の**ア～ウ**の中から
1つ選び, 記号を書きなさい。(10点)

　　ア なるべくゆっくりはねを回す。
　　イ なるべくはやくはねを回す。
　　ウ はねを回す向きを反対にする。

図1

はね

（　　　　　）

4 旗が図2のようにたなびいているときの,
風がふいている方向を, **図2**の**ア・イ**のどち
らかから選び, 記号を書きなさい。(10点)

図2

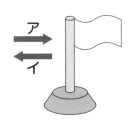

ア

イ

（　　　　　）

5 旗が図3のようにたなびいています。
強い風がふいているのはどちらですか。図
3の**ア・イ**のどちらかから選び, 記号を書
きなさい。(10点)

図3　ア　　　　イ

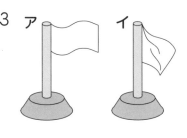

（　　　　　）

2 右の図のような車をつくり，風を当てて動かしました。あとの問いに答えなさい。(50点)

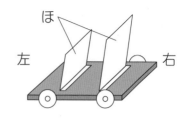

ほ

左　　　右

1 車を右のほうに，なるべく速く進ませるには，どうすればよいですか。次の**ア～オ**の中から１つ選び，記号を書きなさい。(15点)

ア 右から，強い風を当てる。　　　**イ** 右から，弱い風を当てる。

ウ 左から，強い風を当てる。　　　**エ** 左から，弱い風を当てる。

オ 右と左の両方から，同じ強さの風を当てる。

（　　　　　）

2 風の強さが同じであっても，風の当て方によって車の速さがかわります。どのように風を当てると，車が速く進みますか。かんたんに書きなさい。

(20点)

（　　　　　　　　　　　　　　　　　　　　　　　　　）

3 あつ紙でつくってあったほを，同じ大きさの色紙にかえた車をつくりました。２つの車に同じ強さの風を同じように当てると，どうなりますか。次の**ア～ウ**の中から１つ選び，記号を書きなさい。(15点)

ア あつ紙のほのついた車のほうが速く進む。

イ 色紙のほのついた車のほうが速く進む。

ウ どちらもまったく同じ速さで進む。

（　　　　　）

知っていたら かっこいい！ ビューフォート風力階級

風の力は「ビューフォート風力階級」によって次の１３に分けられます。

階級	自然のようす	階級	自然のようす
0	けむりがまっすぐのぼる。	7	大きな木全体がゆれる。
1	けむりが横にただよう。	8	風に向かって歩けない。
2	水面にさざ波が立つ。	9	屋根がわらが飛ぶ。
3	木の葉や小えだがゆれる。	10	木が根こそぎたおれる。
4	水面に小さな波が立つ。	11	広いはんいでひがいが出る。
5	低い木がゆれ始める。	12	風力11より大きなひがいが出る。
6	かさをさしにくくなる。		

第16回　ゴムのはたらき

学習日		得点
	月　　日	/100点

1　輪ゴムを使って，図1のゴムてっぽうと図2のおもちゃをつくりました。あとの問いに答えなさい。(50点)

図1
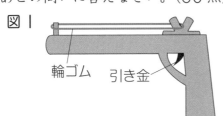
輪ゴム　　引き金

図2
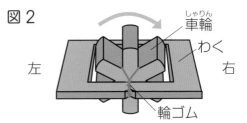
車輪
わく
左　　　　　　　　　右
輪ゴム

1　図1で，輪ゴムを遠くへとばすには，どんな輪ゴムを使うとよいですか。次のア〜ウの中から1つ選び，記号を書きなさい。なお，輪ゴムの長さはすべて同じものとします。(10点)

ア　かたくて，強く引っぱらなければのびない輪ゴム

イ　ゆるんでいて，軽くひっぱればのびる輪ゴム

ウ　日当たりのいい場所であたためておいた輪ゴム

（　　　　　）

2　図1で，輪ゴムを遠くへとばすには，ゴムてっぽうの向きをどうすればよいですか。次のア〜ウの中から1つ選び，記号を書きなさい。ただし，すべて同じ高さにして引き金を引くとします。(15点)

ア　やや下に向ける。　　イ　やや上に向ける。　　ウ　真上に向ける。

（　　　　　）

3　図2のわくを持ち，車輪を矢印の方向に回しました。手をはなすと，車輪はどの方向に回りますか。「矢印の方向」・「矢印と反対の方向」のどちらかを書きなさい。(10点)

（　　　　　）

4　図2のわくを持ち，車輪を矢印の方向に回してからゆかにおいて手をはなすと，おもちゃは動き出しました。どちらの方向に動きますか。「右」・「左」のどちらかを書きなさい。(15点)

（　　　　　）

2 ダンボールでつくった車に輪ゴムをつけ，図のように輪ゴムをのばして動かす実験(じっけん)をしました。あとの問いに答えなさい。(50点)

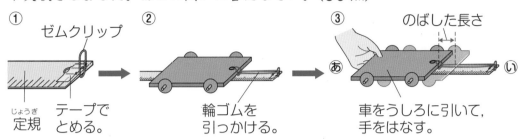

① ゼムクリップ
定規(じょうぎ)　テープでとめる。

② 輪ゴムを引っかける。

③ のばした長さ
あ　い
車をうしろに引いて，手をはなす。

1 図の③で手をはなすと，車はどちらの方向へ進(すす)みますか。図の**あ**・**い**のどちらかを選び，記号を書きなさい。(10点)

（　　　　）

2 この車は，輪ゴムのどのような力(りょう)を利用して動かしていますか。次の**ア**〜**エ**の中から１つ選び，記号を書きなさい。(10点)

ア のびた輪ゴムが元にもどろうとする力

イ のびた輪ゴムがさらにのびようとする力

ウ ちぢんだ輪ゴムが元にもどろうとする力

エ ちぢんだ輪ゴムがさらにちぢもうとする力

（　　　　）

3 輪ゴムをのばした長さと車が進んだきょりをまとめると，次の表(ひょう)のようになりました。この表から，輪ゴムをのばした長さと車が進むきょりにはどんな関係(かんけい)があるとわかりますか。かんたんに書きなさい。(20点)

輪ゴムをのばした長さ（cm）	4	6	8
車が進むきょり（cm）	42	90	128

（　　　　　　　　　　　　　　　　　　　　　　　　　　　　　　）

4 輪ゴムをのばした長さを10cmにすると，車はどれくらい進むと考えられますか。次の**ア**〜**ウ**の中から１つ選び，記号を書きなさい。(10点)

ア 42cmより小さい　　**イ** 90〜128cmの間　　**ウ** 128cmより大きい

（　　　　）

1　なつこさんは，ソケットに入った豆電球と，新しいかん電池を使って，身のまわりにあるいろいろなものが電気を通すのかどうか調べる実験をしました。あとの問いに答えなさい。(30点)

1　なつこさんはまず，ソケットに入った豆電球がこわれていないかどうかを調べるために，かん電池につなぎました。どのようにつなげばよいですか。次のア〜エの中から１つ選び，記号を書きなさい。(10点)

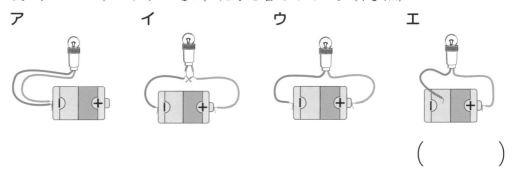

ア　　　　　イ　　　　　ウ　　　　　エ

（　　　　　）

2　豆電球がこわれていないことがわかったので，一方のどう線のとちゅうを切り，間にいろいろなものをおいて豆電球がつくかどうか調べました。豆電球がついたものを，次のア〜オの中からすべて選び，記号を書きなさい。

(10点)

ア　木のわりばし　　　イ　１円玉　　　ウ　１０円玉
エ　ガラスのコップ　　　オ　トイレットペーパーのしん

（　　　　　）

3　なつこさんは，1で選んだつなぎ方で，ソケットに入った豆電球を光らせたまま，しばらくおいておきました。そのあと豆電球のようすはどうなっていたと考えられますか。次のア〜ウの中から１つ選び，記号を書きなさい。

(10点)

ア　はじめより明るくなった。　　　イ　はじめより暗くなった。
ウ　はじめより冷たくなった。

（　　　　　）

2 右の図は豆電球のつくりを表しています。あとの
問いに答えなさい。(50点)

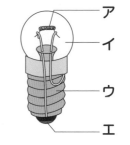

① 電気を通すものでできている部分を，図のア～エ
の中からすべて選び，記号を書きなさい。(10点)

(　　　　　　　　　)

② 豆電球の光る部分はどこですか。図のア～エの中から1つ選び，記号を
書きなさい。(10点)

(　　　　)

③ ソケットを使わずに豆電球を光らせるためには，かん電池からつながった
どう線をどことどこにつなげればよいですか。図のア～エの中から2つ選び，
記号を書きなさい。(両方できて10点)

(　　　)(　　　)

④ ソケットに豆電球を入れて新しいかん電池につないだところ，豆電球が光
りませんでした。ただし，どう線は正しくつないであり，豆電球・かん電池・
ソケット・どう線は不良品ではないことがわかっています。どうして光ら
なかったのだと考えられますか。理由をかんたんに書きなさい。(20点)

(　　　　　　　　　　　　　　　　　　　　　　　　　)

3 豆電球とかん電池を2つずつ使って豆電球を光らせます。豆電球が2つと
も光るものを，次のア～エの中から2つ選び，記号を書きなさい。(各10点)

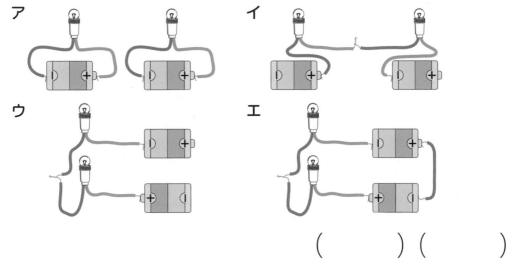

(　　　)(　　　)

学習日	得点
月　　日	／100点

1 かん電池について，あとの問いに答えなさい。(30点)

1 かん電池のもつ利点について書いた文として<u>まちがっているもの</u>を，次の
ア〜エの中から１つ選び，記号を書きなさい。(10点)

ア 停電のときにも使える。　　イ 屋外でも使える。

ウ ずっと使い続けられる。　　エ 持ち運びしやすい。

（　　　　　）

2 かん電池を使っているものはどれですか。次のア〜エの中からすべて選び，
記号を書きなさい。(10点)

ア　かい中電灯　　イ　電気スタンド　　ウ　電子レンジ　　エ　リモコン

（　　　　　）

3 あなたの家の中で，かん電池（電池）を使っているものはなんですか。
2 で答えたもの以外で１つ見つけ，名前を書きなさい。(10点)

（　　　　　）

2 あきらさんは，厚紙とアルミニウム，ビニルテープを使って２種類のスイッ
チをつくり，図１・図２のようにかん電池と豆電球につなげました。あとの
問いに答えなさい。(70点)

図１

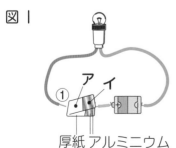

ア　イ
①
厚紙　アルミニウム

図２

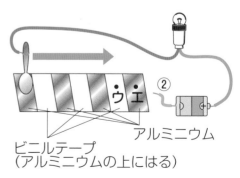

ウ　エ
②
ビニルテープ
（アルミニウムの上にはる）
アルミニウム

1 図１の①，図２の②はスイッチのどこにつなげればよいですか。図１・図２の**ア**〜**エ**の中からそれぞれ１つずつ選び，記号を書きなさい。(各１０点)

①（　　　　　）　　②（　　　　　）

2 図２で，あきらさんがスイッチの上でスプーンを矢印の方向へすべらせると，豆電球はどうなりましたか。かんたんに書きなさい。(20点)

（　　　　　　　　　　　　　　　　　　　　　　　　　　　）

3 あきらさんはさらに，図１のスイッチを使って，図３のような回路をつくりました。この回路について書かれた文として正しいものを，次の**ア**〜**ウ**の中から１つ選び，記号を書きなさい。(15点)

ア スイッチをおす前は，豆電球は光っていない。

イ スイッチをおすとどう線が熱くなってしまってあぶない。

ウ スイッチをおしてもおしていなくても，豆電球は光っている。

図３

ここは正しくつながっている

（　　　　　）

4 右の写真は，あきらさんの部屋のかべについていたスイッチです。右側をおすと部屋の電灯がつき，左側をおすと部屋の電灯が消えます。このスイッチのしくみは，図１・図２のどちらのスイッチとにていると考えられますか。「図１」・「図２」のどちらかを書きなさい。(15点)

（　　　　　）

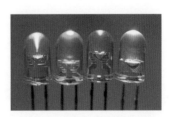

学習日　　　月　　日　　得点　　／100点

1　右の図は，じしゃくのはたらきについてまとめたノートです。あとの問いに答えなさい。(30点)

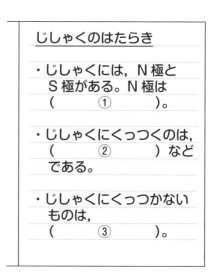

じしゃくのはたらき

・じしゃくには，N極と
S極がある。N極は
（　　①　　）。

・じしゃくにくっつくのは，
（　　②　　）など
である。

・じしゃくにくっつかない
ものは，
（　　③　　）。

1　図の（　①　）にあてはまる文として正しいものを，次の**ア〜ウ**の中から1つ選び，記号を書きなさい。(10点)

ア　N極と引き合う

イ　S極と引き合う

ウ　N極とS極のどちらとも引き合う

（　　　　）

2　図の（　②　）にあてはまるものを，次の**ア〜ク**の中からすべて選び，記号を書きなさい。(10点)

ア　スチールかん　　　**イ**　アルミニウムかん　　　**ウ**　ガラスのコップ

エ　ゴムひも　　　　　**オ**　竹のものさし　　　　　**カ**　とうきの茶わん

キ　1円玉　　　　　　**ク**　10円玉

（　　　　　　　　　）

3　図の（　③　）にあてはまる文として正しいものを，次の**ア〜ウ**の中から1つ選び，記号を書きなさい。(10点)

ア　電気を通さない　　　**イ**　金ぞく以外のものでできている

ウ　電気を通すものと通さないものがある

（　　　　）

2　さ鉄について，あとの問いに答えなさい。(30点)

1　ぼうじしゃくにさ鉄をつけたようすとして正しいものを，次の**ア〜ウ**の中から1つ選び，記号を書きなさい。(10点)

ア　　　　　　　　　　　**イ**　　　　　　　　　　　**ウ**

（　　　　）

2 公園のすな場などで，さ鉄を集めることができます。このとき，じしゃくを直接すなに近づけるのではなく，ビニルのふくろに入れてから，すなに近づけます。このようにする理由をかんたんに書きなさい。(20点)

[   ]

3 方位じしんについて，あとの問いに答えなさい。(40点)

1 方位じしんの使い方としてまちがっているものを，次の**ア**～**ウ**の中から1つ選び，記号を書きなさい。(10点)

ア 平らな場所において使う。

イ はりの赤いほうがさしている向きを南に合わせる。

ウ じしゃくが近くにない所で使う。

(   )

2 方位じしんについてまとめた次の文の（ ① ）～（ ③ ）にあてはまることばを，下の**ア**～**ケ**の中からそれぞれ1つずつ選び，記号を書きなさい。
(各10点)

> 方位じしんのはりのN極が（ ① ）をさします。それは，地球全体を大きなじしゃくだとすると，北極が（ ② ）極になるからです。
> 方位じしんのはりがさす方角は決まっていますが，たまに方位じしんがくるって正しい方角をしめさなくなることがあります。そのときは，強いじしゃくを方位じしんのはりに近づけ，はりの上を決まった方向になぞるように動かすと直ります。これは，じしゃくで（ ③ ）をこすると（ ③ ）をじしゃくにすることができるのと同じしくみです。

ア 北	**イ** 南	**ウ** 東	**エ** 西	**オ** N	**カ** S
キ 木	**ク** 鉄	**ケ** 紙			

① (   )　② (   )　③ (   )

1　さくらさんは，持っていた2種類のぼうじしゃくでどれだけの鉄くぎをくっつけることができるか調べたところ，下の図のようになりました。この実験について，あとの問いに答えなさい。(30点)

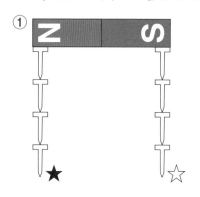
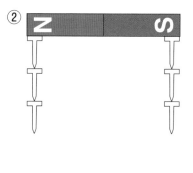

1　上の図から，どちらのぼうじしゃくの力が強いとわかりますか。①・②のどちらかを選び，番号を書きなさい。(10点)

（　　　　）

2　1のぼうじしゃくについた鉄くぎは，じしゃくについている間はじしゃくになっています。このとき，★と☆はN極とS極のどちらになっていると考えられますか。それぞれ，「N」・「S」のどちらかを書きなさい。

（各10点）

★（　　　　）極　　☆（　　　　）極

2　2本のぼうじしゃくを落としてしまいました。すると，図1と図2のようにわれてしまいました。あとの問いに答えなさい。(40点)

44

1　図１の①～④は，Ｎ極とＳ極のどちらになっていると考えられますか。それぞれ，「Ｎ」・「Ｓ」のどちらかを書きなさい。(各5点)

①（　　　）極　　②（　　　）極　　③（　　　）極　　④（　　　）極

2　図１のわれてできたじしゃくの力はどうなったと考えられますか。次のア～ウの中から１つ選び，記号を書きなさい。(10点)

ア　どちらも元のじしゃくより強くなった。

イ　どちらも元のじしゃくより弱くなった。

ウ　大きいほうは元のじしゃくより強くなり，小さいほうは弱くなった。

（　　　　　）

3　図２のわれてできたかけらはどうなっていると考えられますか。次のア～エの中から１つ選び，記号を書きなさい。(10点)

ア　全体がＮ極になっている。　　　　イ　全体がＳ極になっている。

ウ　左側がＮ極，右側がＳ極になっている。

エ　左側がＳ極，右側がＮ極になっている。

（　　　　　）

3　ア～ウの３本のぼうのうち，何本かがじしゃくで，のこりは鉄でできています。これらを２本ずつ選び，はしとはしを近づけると，右の図のようになりました。なお，それぞれのぼうの一方のはしには印がついています。あとの問いに答えなさい。(30点)

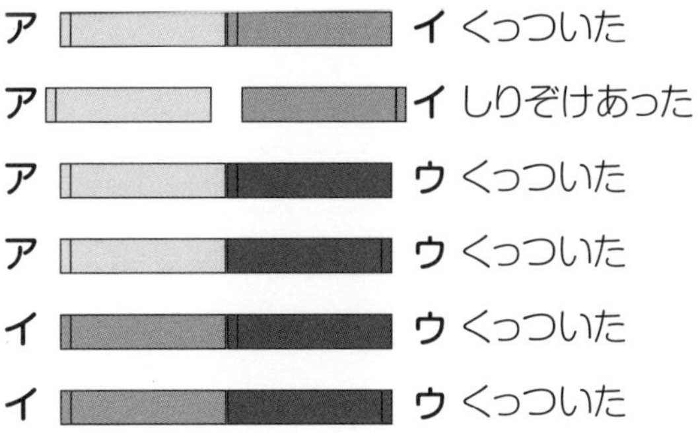

ア	イ	くっついた
ア	イ	しりぞけあった
ア	ウ	くっついた
ア	ウ	くっついた
イ	ウ	くっついた
イ	ウ	くっついた

1　じしゃくだと考えられるものを，ア～ウの中からすべて選び，記号を書きなさい。(10点)

（　　　　　）

2　じしゃくだとわかったぼうの極を調べるためにはどうすればいいですか。かんたんに書きなさい。(20点)

（

　　　　　）

学習日　　月　　日　　得点　　／100点

1 糸電話が音を伝えるしくみについて、あとの問いに答えなさい。(100点)

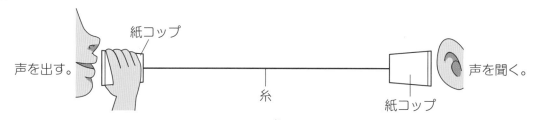

声を出す。　紙コップ　糸　紙コップ　声を聞く。

1　上の図のように、一方の紙コップに向かって声を出して、もう一方の紙コップで別の人が声を聞いているとき、紙コップを持ったまま相手に1歩近づいて声を出すと、紙コップからの声の聞こえ方はどうなるでしょうか。次のア〜ウの中から1つ選び、記号を書きなさい。(10点)

ア　よく聞こえるようになる。　　　イ　ほとんど聞こえなくなる。

ウ　聞こえ方はかわらない。

（　　　　　）

2　糸電話の糸をつまむ場所や糸のつなぎ方をかえて紙コップから声が聞こえるかどうかをたしかめたところ、次のような結果になりました。図の①と②では、紙コップから声は聞こえたでしょうか。「聞こえた」・「聞こえなかった」のどちらかをそれぞれ書きなさい。(各15点)

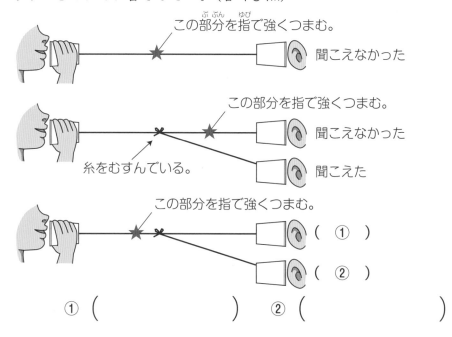

この部分を指で強くつまむ。　聞こえなかった

この部分を指で強くつまむ。　聞こえなかった

糸をむすんでいる。　聞こえた

この部分を指で強くつまむ。　（　①　）

（　②　）

①（　　　　　）　②（　　　　　）

3 次の図のように紙コップを糸でつなげて，Aに向かって声を出すと，B〜Fの紙コップすべてで声を聞くことができましたが，糸の★の部分を指で強くつまんでから声を出すと，B・Fでは声が聞こえて，C・D・Eでは声を聞くことができませんでした。また，図のア〜エのどこか1か所を指で強くつまんでからAに向かって声を出すと，B〜Fのうち3つの紙コップからは声が聞こえて，あとの2つの紙コップからは声を聞くことができませんでした。糸をつまんだ場所はどこでしょうか。図のア〜エの中から1つ選び，記号を書きなさい。また，声が聞こえた紙コップをB〜Fの中から3つ選び，記号を書きなさい。（各15点）

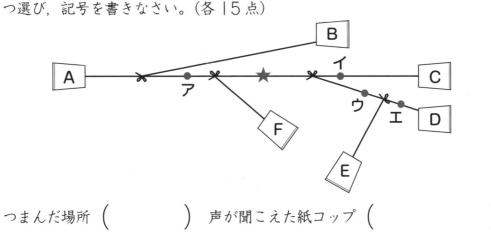

つまんだ場所（　　　　　　）声が聞こえた紙コップ（　　　　　　　　　）

4 3の図で，糸のア〜エのどこか1か所と★の部分を指で強くつまんでからCに向かって声を出すと，声が聞こえた紙コップは1つだけでした。つまんだ場所を，3の図のア〜エの中から1つ選び，記号を書きなさい。また，声が聞こえた紙コップを，3の図のA・B・D・E・Fの中から1つ選び，記号を書きなさい。（各15点）

つまんだ場所（　　　　　　　）声が聞こえた紙コップ（　　　　　　　）

知っていたら **かっこいい！** 音の高さとしん動数

　ドレミファソラシドのような音の高低は，「しん動数」によって決まります。しん動数とは，ものが1秒間にしん動する（ふるえる）回数を表したものです。しん動数が多いほど，高い音が出ます。
　同じ種類のガラスのコップを2つ用意して，それぞれにちがう量の水を入れてスプーンでたたくと，水を少なく入れたコップのほうが高い音が出ます。コップに多くの水を入れると，コップが水によっておさえられるため，コップはしん動しにくくなります。このため，コップの中の水の量が多いほど，出る音は低くなります。

高い音

低い音

学習日		得点
	月　　日	／100点

1　次の図の①〜④は，サクラ（ソメイヨシノ）の春・夏・秋・冬のいずれかのようすを表したものです。あとの問いに答えなさい。(40点)

① 　② 芽 　③ 　④

1　①〜④を春→夏→秋→冬の順にならべかえ，番号を書きなさい。(10点)

（　　　　　→　　　　　→　　　　　→　　　　　）

2　北海道と四国では，サクラの花がさく時期が早いのはどちらですか。「北海道」・「四国」のどちらかを書きなさい。(10点)

（　　　　　　　　　　）

3　サクラの花がさくのと同じくらいの時期に花をさかせる植物を，次の**ア**〜**エ**の中から１つ選び，記号を書きなさい。(10点)

ア　ヒマワリ　　**イ**　アブラナ　　**ウ**　アサガオ　　**エ**　アジサイ

（　　　　　　　　　　）

4　サクラは図の①のように，葉が出る前に花をさかせます。サクラと同じように，葉が出る前に花をさかせる植物を，次の**ア**〜**エ**の中から１つ選び，記号を書きなさい。(10点)

ア　ウメ　　**イ**　ツツジ　　**ウ**　ツバキ　　**エ**　アジサイ

（　　　　　　　　　　）

2　タンポポの冬のようすとして正しいものを，次の**ア**〜**ウ**の中から１つ選び，記号を書きなさい。(10点)

ア　かれてしまい，緑色の葉は見られない。

イ　春や夏と同じすがたで，たくさんの花をさかせる。

ウ　地面にはりつくように葉を広げている。

（　　　　　　　　　　）

3 公園や道ぞい，校庭など，わたしたちの身のまわりにはいろいろな木が植えられています。マツ・イチョウ・イロハモミジも，街路樹や庭木としてよく見られる木です。この3種類の木について，あとの問いに答えなさい。(50点)

1 上の3種類の木の葉はどのような形をしていますか。葉の形と名前が正しい組み合わせになるように，線で結びなさい。(10点)

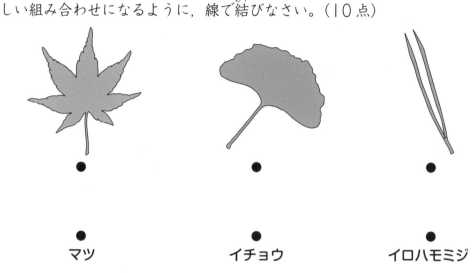

マツ　　　　　　　イチョウ　　　　　イロハモミジ

2 木の中には，秋になると葉の色を変化させるものがあります。上の3種類の木のうち，秋になると葉の色が黄色になるものと，赤色になるものを1つずつ選び，名前を書きなさい。(各5点)

黄色になるもの（　　　　　　　　　　）

赤色になるもの（　　　　　　　　　　）

3 **2**で選んだものは，葉の色が変化したあとどうなりますか。かんたんに書きなさい。(20点)

（

）

4 右の写真は，上の3種類の木のいずれかからとれるもので，からの中の黄色い部分を食べることができます。これはどの木からとれたものですか。1つ選び，名前を書きなさい。(10点)

（　　　　　　　　）

第23回 動物の1年間 ①

1 ももさんと先生が，セミについて話しています。次の会話を読んで，あとの問いに答えなさい。(50点)

もも：（　①　）になり，セミの声がたくさんきこえてくるようになりました。
先生：そうだね。セミの声は，種類によってちがうんだよ。
もも：アブラゼミの声はジージー，ヒグラシの声は（　②　）ですね。
先生：セミは，よう虫の間は（　③　）の中でしばらくすごしたあと，そこから出てきて木にのぼり，④からをぬいで成虫になるんだよ。
もも：しばらくとは，どれくらいの期間ですか？
先生：アブラゼミの場合，⑤4～6年間くらいだよ。
もも：そんなに長いんですね！

1　上の文の（　①　）～（　③　）にあてはまることばを，次の**ア～ク**の中からそれぞれ1つずつ選び，記号を書きなさい。(各10点)
　　ア 春　　**イ** 夏　　**ウ** ツクツクホーシ　　**エ** ミーンミンミン
　　オ カナカナカナ　　**カ** 木のみき　　**キ** 土　　**ク** 水

　　　①（　　　　）　　②（　　　　）　　③（　　　　）

2　下線部④について，セミのぬけがらについて書かれた文として**まちがっているもの**を，次の**ア～ウ**の中から1つ選び，記号を書きなさい。(10点)
　　ア あしが8本あったことがわかる。　　**イ** 茶色っぽい色をしている。
　　ウ 前あしの部分がかまのようになっている。

　　　　　　　　　　　　　　　　　　　　　　　　　　　（　　　　）

3　下線部⑤について，この期間のセミのよう虫のすごし方として正しいものを，次の**ア～ウ**の中から1つ選び，記号を書きなさい。(10点)
　　ア じっと動かず，ねむってすごす。
　　イ 食べ物を食べながら，じょじょに成長する。
　　ウ ときどきたまごをうんで，なかまをふやす。

　　　　　　　　　　　　　　　　　　　　　　　　　　　（　　　　）

2 次の写真は，春・夏・秋・冬のオオカマキリのようすです。オオカマキリや
ほかのこん虫の1年間について，あとの問いに答えなさい。(50点)

春 たまごからかえる。　夏 よう虫から成虫に成長する。　秋 めすがたまごをうむ。　冬 たまごですごす。

1　オオカマキリのように，たまごのすがたで冬ごしし，春によう虫がかえる
こん虫を，次の**ア〜ウ**の中から1つ選び，記号を書きなさい。(10点)

ア　アゲハ　　　**イ**　カブトムシ　　　**ウ**　トノサマバッタ

（　　　　　）

2　オオカマキリのように，秋におすとめすが出会い，めすがたまごをうむこ
ん虫はほかにもいます。たとえば，コオロギやスズムシは，おすがめすをよ
ぶため，きれいな音を出します。これらのこん虫はどのように音を出します
か。次の**ア〜ウ**の中から1つ選び，記号を書きなさい。(10点)

ア　口を動かし，口ぶえをふくように音を出す。

イ　あしとあしを打ちつけ，音を出す。

ウ　はねを立て，はねとはねをこすり合わせて音を出す。

（　　　　　）

3　オオカマキリのたまごはあわでつつまれています。このことで，どんな利
点がありますか。かんたんに書きなさい。(20点)

（

　　

）

4　ナナホシテントウの冬ごしのすがたはオオカマキリとちがいます。ナナホ
シテントウの冬のようすとして正しいものを，次の**ア〜エ**の中から1つ選び，
記号を書きなさい。(10点)

ア　よう虫のすがたで，活発に活動している。

イ　よう虫のすがたで，ものかげでひっそりとすごしている。

ウ　成虫のすがたで，活発に活動している。

エ　成虫のすがたで，ものかげでひっそりとすごしている。

（　　　　　）

1 ヒキガエルは冬の間，土の中でじっとしてすごします。ヒキガエルの1年間について，あとの問いに答えなさい。(50点)

1　冬の間をヒキガエルと同じようにすごす動物を，次の**ア〜エ**の中から2つ選び，記号を書きなさい。(両方できて10点)

ア キツネ　　**イ** ヘビ　　**ウ** ハト　　**エ** アメリカザリガニ

（　　　）（　　　）

2　ヒキガエルは春になりあたたかくなると，土の中から出てきてたまごをうみます。ヒキガエルがうんだたまごを表しているものを，次の**ア〜ウ**の中から1つ選び，記号を書きなさい。(10点)

ア　たまご　　**イ**　たまご　　**ウ**　たまご

（　　　）

3　カエルがたまごからかえったすがたをカタカナ7文字で書きなさい。(10点)

（　　　）

4　次の文は，カエルのこきゅうのしかたについてまとめたものです。次の文の（　①　）・（　②　）にあてはまることばを，下の**ア〜オ**の中から1つ選び，記号を書きなさい。(各10点)

> たまごからかえったカエルはしばらく水の中で成長します。このとき，魚と同じように（　①　）でこきゅうします。成長しておとなのすがたになり，陸で生活するようになると，（　①　）ではなく，ヒトなどと同じようにこきゅうに（　②　）を使うようになります。

ア えら　　**イ** ひれ　　**ウ** 心ぞう　　**エ** ほね　　**オ** はい

①（　　　）　　②（　　　）

2 日本で見られるいろいろな鳥について，あとの問いに答えなさい。(50点)

① 春先になると，ウグイスの鳴き声が聞こえるようになります。ウグイスの鳴き声を表したものを，次の**ア〜ウ**の中から1つ選び，記号を書きなさい。

(10点)

ア ホーホケキョ　　**イ** コケコッコー　　**ウ** ピーヒョロロロ

(　　　　)

② ツバメは春ごろに巣をつくります。ツバメの巣の写真を，次の**ア〜ウ**の中から1つ選び，記号を書きなさい。(10点)

ア

イ

ウ

(　　　　)

③ 冬になると，ツバメのすがたは見られなくなります。これはなぜですか。理由をかんたんに書きなさい。(20点)

(　　　　　　　　　　　　　　　　　　　　　　)

④ 冬になると，水辺でマガモやハクチョウなどの鳥が見られるようになります。これらの鳥はどこからやってきますか。次の**ア〜ウ**の中から1つ選び，記号を書きなさい。(10点)

ア 日本より北の国　　**イ** 日本より南の国　　**ウ** 日本の山おく

(　　　　)

知っていたら **かっこいい！** 北極と南極を行ったり来たりする鳥がいる!?

　世界中には，季節ごとに長いきょりを移動してすみかをかえる「わたり鳥」がたくさんいます。中でもキョクアジサシは，最も長いきょりを移動するわたり鳥として知られています。キョクアジサシは夏は北極の近くでたまごをうんで子育てし，そのあと南極の近くまで移動してしばらくそこですごします。1年間の移動きょりは3万km以上といわれてきましたが，最近の研究では8万kmも移動するという結果も出ています。いずれにせよ，体長35cmほどの小さなからだでそれだけ移動するなんて，すごいですね！

1 いろいろな動物のほねについて，あとの問いに答えなさい。(50点)

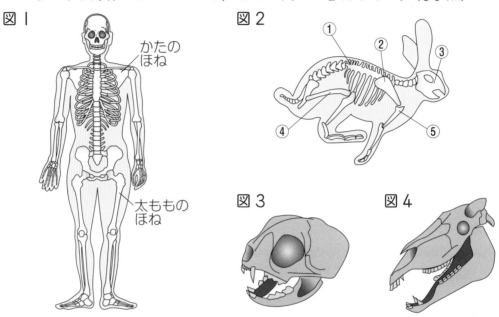

図1
かたの
ほね
太ももの
ほね

図2
① ② ③
④ ⑤

図3　　　図4

1 ヒトとウサギは，大きさやすがたがまったくちがって見えますが，からだのつくりには，にた部分もあります。図1はヒト，図2はウサギの全身のほねを表しています。ヒトのかたのほね，太もものほねにあたる部分を，図2の①～⑤の中からそれぞれ1つずつ選び，番号を書きなさい。(各10点)

　　かたのほね（　　　　　）　　　太もものほね（　　　　　）

2 ウサギの前あしとうしろあしについているきん肉では，どちらがよく発達していますか。ウサギの動き方から考えて，「前あし」・「うしろあし」のどちらかを書きなさい。(10点)

（　　　　　）

3 図3と図4は，いずれも動物の頭のほねを表しています。歯の部分を見ると，図3には先がとがったするどい前歯があり，図4には平らなおく歯があることがわかります。これらの特ちょうから，肉食動物はどちらだと考えられますか。「図3」・「図4」のどちらかを書きなさい。(10点)

（　　　　　）

4 動物には，からだの中にほねがないものもいます。次のア～エの動物のすがたを思い出して，ほねがない動物を１つ選び，記号を書きなさい。

(10点)

ア ヘビ　　**イ** クラゲ　　**ウ** イルカ　　**エ** イモリ

(　　　　　)

2　右の図は，ひじをまげているときのほねときん肉を表しています。あとの問いに答えなさい。(50点)

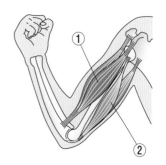

1　うでをまげているじょうたいからのばすとき，図の①・②のきん肉はどうなりますか。かんたんに書きなさい。(20点)

[　　　　　　　　　　　　　　　　　　　　　　]

2　ひじは，ほねとほねのつなぎ目になっていて，ほねとほねとの間にはすき間があります。このようなつなぎ目を何といいますか。名前を書きなさい。

(15点)

(　　　　　　　　　)

3　きん肉でできているものを，次のア～エの中から１つ選び，記号を書きなさい。(15点)

ア かみの毛　　**イ** 心ぞう　　**ウ** 歯　　**エ** つめ

(　　　　　)

知っていたら **かっこいい！** 　ほねときん肉をつないでいる「けん」

　ほねときん肉をつないでいる部分を「けん」といいます。ヒトのからだで最も大きくて太いけんは，足首のうしろ側にある「アキレスけん」で，ふくらはぎのきん肉とかかとのほねをつないでいます。この名前は，ギリシャ神話に出てくる英雄アキレスのかかとが弱点だったことに由来しています。

　牛すじ肉は，ウシのけんにあたる部分です。かたい部分ですが，じっくりにこめばやわらかくなり，おいしく食べられますよ！

1 百葉箱について，あとの問いに答えなさい。（50点）

1 百葉箱は，気温などをはかるためのじょうけんが整うようにつくられています。百葉箱のつくりとして<u>まちがっているもの</u>を，次の**ア〜エ**の中から1つ選び，記号を書きなさい。（15点）

ア 中の温度計の液だめが，地面から 30 〜 50cm になるようにしてある。

イ 日光を反射するよう，全体が白くぬってある。

ウ 風を通しやすいかべやとびらがついている。

エ 地面からの照り返しをふせぐよう，下がしばふになっている。

（　　　　）

2 百葉箱の中に入れるものとしてふさわしくないものを，次の**ア〜オ**の中からすべて選び，記号を書きなさい。（15点）

ア 最高温度計（最高気温をはかる温度計）

イ 最低温度計（最低気温をはかる温度計）

ウ しつ度計（空気がどれくらいしめっているかをはかるもの）

エ 雨量計（一定の時間にふった雨の量をはかるもの）

オ 風速計（風のふく速さをはかるもの）

（　　　　）

百葉箱の中でははかれないものがあるね。

3 百葉箱のとびらは，北側につけられています。この理由をかんたんに書きなさい。（20点）

（　　　　　　　　　　　　　　　　　　　　　　　　　）

2 よく晴れた日に，ようすけさんは日光がよく当たる場所の気温と地温（地中の温度）を｜時間おきにはかり，｜日の変化を調べました。あとの問いに答えなさい。(50点)

1 この調査における気温のはかり方としてふさわしいものを，図｜の**ア～ウ**の中から｜つ選び，記号を書きなさい。
(10点)

( )

図｜

2 図2は，地温のはかり方を表したものです。しかし，この図には，正しくはかるためのものが｜つ，かかれていません。正しいはかり方になるように，図にたりないものをかき加えなさい。
(10点)

図2

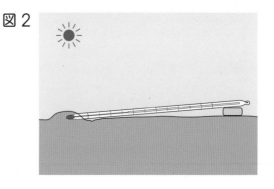

3 午前8時から午後4時までの気温と地温を調べた結果，気温と地温では，最も高くなる時刻がちがうことがわかりました。このことについてまとめた次の文の（ ① ）～（ ③ ）にあてはまることばを，下の**ア～キ**の中からそれぞれ｜つずつ選び，記号を書きなさい。(各10点)

> 太陽の光が当たると，ものはあたたまります。この，光がものをあたためることが，気温と地温の変化に関係しています。
> 　地温が最も高くなったのは午後｜時ごろだったのに対し，気温が最も高くなったのは（ ① ）ごろでした。これは，太陽の光がまず（ ② ）をあたため，あたためられた（ ② ）によって（ ③ ）があたたまるからです。

ア 午前10時　　**イ** 午前11時　　**ウ** 正午　　**エ** 午後2時
オ 午後3時　　**カ** 空気　　　**キ** 地面

① ( ) ② ( ) ③ ( )

学習日　　　月　　日

得点　／100点

1　4月11日に，東京に住むひかりさんが，大阪に住むおじいさんと電話で話しています。次の会話を読んで，あとの問いに答えなさい。(50点)

ひかり：今日はよく晴れていたよ。昨日はくもりだったから，昨日とくらべて今日は1日の気温の変化が（　①　）かったよ。

祖父：こちらは雨だった。明日は東京も雨になるかもしれないね。

ひかり：どうしてわかるの？

祖父：日本の上空には，西から東へ風がふいているよ。その風で，雲が（　②　）動くから，天気が（　③　）うつりかわることが多いんだ。

1　上の文の（　①　）～（　③　）にあてはまることばを，次の**ア～エ**の中からそれぞれ1つずつ選び，記号を書きなさい。なお，同じ記号を何度使ってもよいこととします。(各10点)

ア 大き　　**イ** 小さ　　**ウ** 東から西へ　　**エ** 西から東へ

①（　　　　）　②（　　　　）　③（　　　　）

2　予想通り，4月12日の東京は，朝は晴れていたものの午前11時ごろからくもり始め，昼から雨になりました。この日の気温変化のグラフとして正しいものを，次の**ア～エ**の中から1つ選び，記号を書きなさい。なお，グラフのたてじくは気温，横じくは時刻です。(10点)

ア
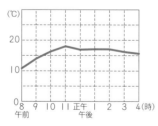

イ
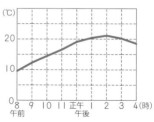

ウ
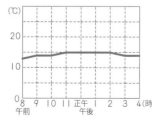

エ
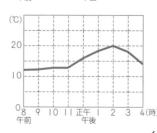

（　　　　）

3 4月13日の早朝に雨がやみました。ひかりさんはその日の朝，空にに じがかかっているのを見ました。にじはどちらの方角の空に見えましたか。 「北」・「南」・「東」・「西」のいずれかを書きなさい。（10点）

にじは，太陽（たいよう）があるのと反対側（はんたいがわ）の 空にできるよ。

（　　　）

2 台風について，あとの問いに答えなさい。（50点）

1 次の①〜③は，台風について書かれた文です。下線部（かせんぶ）について，内容（ないよう）が正 しい場合は「○」，まちがっている場合は「×」をそれぞれ書きなさい。

（各10点）

① 台風の目では，雨や風が<u>強くなる</u>。
② 日本に近づく台風は，<u>日本より南の海上で発生（はっせい）する</u>。
③ 日本に近づく台風は，<u>毎回同じ進路（しんろ）で日本の上空を進（すす）む</u>。

①（　　　）　②（　　　）　③（　　　）

2 台風による強い風や雨により被害（ひがい）が出ることもありますが，わたしたちの 生活に役立（やくだ）つこともあります。どのように役立つのか，かんたんに書きなさ い。（20点）

（　　　　　　　　　　　　　　　　　　　　　　　　　　　　　　　　　　　）

知って いたら **かっこいい！** 台風の強さ

　熱帯低気圧（ねったいていきあつ）というもののうち，中心付近（ふきん）の最大風速（さいだいふうそく）がおよそ17m/秒（びょう）（1秒間に 17m進（はや）む速さ）のものが台風といわれます。みなさんも，台風が近づくと，台風の 強さや大きさがニュースなどで伝（つた）えられるのを見たり聞いたりしたことがあるでしょ う。最大風速が33m/秒以上（いじょう）44m/秒未満（みまん）のものを「強い台風」，44m/秒以上 54m/秒未満のものを「ひじょうに強い台風」，54m/秒以上のものを「もうれつな 台風」といいます。

学習日	得点
月　日	／100点

1 うちゅうにはたくさんの星があります。星には，次の3つがあります。

　こう星：自分で光を出している星

　わく星：自分で光を出しておらず，こう星のまわりをまわっている星

　えい星：自分で光を出しておらず，わく星のまわりをまわっている星

　たとえば，太陽は自分で光を出しているこう星で，地球は光を出しておらず，太陽のまわりをまわっているわく星です。あとの問いに答えなさい。(60点)

1　北極星と月は，3つの星のうちのどれになりますか。それぞれ「こう星」・「わく星」・「えい星」のいずれかを書きなさい。(各15点)

北極星（　　　　　　　　）　　月（　　　　　　　　）

2　地球は太陽のまわりをまわっているだけでなく，こまのように自分自身も西から東にまわっています。これを「地球の自転」といいます。

　地球では，太陽の光が当たっている部分が昼，当たっていない部分が夜になります。地球が自転しているため，同じ地点が昼になったり夜になったりするのです。このことから考えて，地球の自転について書かれた文として正しいものを，次のア〜ウの中から1つ選び，記号を書きなさい。(10点)

ア　地球の自転の向きは，1か月ごとにかわる。

イ　地球の自転では，約24時間で1周する。

ウ　地球の自転の速さは，季節によって変化する。

（　　　　　　　）

3　地球のまわりには，人工えい星とよばれる，地球のまわりをえい星のようにまわる人工物があります。日本上空の雲のようすを観測している人工えい星「ひまわり」は，日本から見ると，いつも同じ場所にあるように見えます。この理由をかんたんに書きなさい。(20点)

（　　　　　　　　　　　　　　　　　　　　　　　　　　）

ひまわりが地球のまわりを1周するのにかかる時間に注目しよう。

2 　星の明るさは等級で表され，明るい順に１等星，２等星…と分けられています。次の図のように，等級が１つちがうと明るさは約2.5倍ちがい，１等星は６等星の100倍明るいとされています。星の明るさについて，あとの問いに答えなさい。（20点）

① 　３等星は４等星の約何倍明るいですか。数を書きなさい。（10点）

約（　　　　　）倍

② 　１等星は３等星の何倍明るいと考えられますか。最も近いものを，次のア～ウの中から１つ選び，記号を書きなさい。（10点）

ア　約4倍　　　イ　約6倍　　　ウ　約9倍

（　　　　　）

3 　夜空に光って見えるたくさんの星は，よく見るといろいろな色をしていることがわかります。星の色について，あとの問いに答えなさい。（20点）

① 　赤く光って見える星，白く光って見える星，青白く光って見える星の中で，表面の温度が最も高いのはどれですか。次のア～エの中から１つ選び，記号を書きなさい。（10点）

ア　赤く光って見える星　　　イ　白く光って見える星
ウ　青白く光って見える星　　　エ　表面の温度はどれも同じ

（　　　　　）

② 　赤く光って見える星を，次のア～エの中から１つ選び，記号を書きなさい。
（10点）

ア　おおいぬ座のシリウス　　　イ　こと座のベガ
ウ　こいぬ座のプロキオン　　　エ　さそり座のアンタレス

（　　　　　）

学習日	得点
月 日	/100点

1 夏の空に見られる星座について，あとの問いに答えなさい。(50点)

1 右の図は，夏のある日の東の空のようすです。デネブ・ベガ・アルタイルという3つの明るい星をむすんでできる三角形を何といいますか。名前を書きなさい。(10点)

（　　　　　　　）

2 上の図で見られる3つの星座のうち，はくちょう座はどれですか。①～③の中から1つ選び，番号を書きなさい。(10点)

（　　　　）

> はくちょうが大きくはねを広げたように見える星座だよ。

3 夏の代表的な星座として，さそり座があります。さそり座は，夏に南の空のどのあたりをさがせば見つけることができますか。かんたんに書きなさい。(20点)

（　　　　　　　　　　　　　　　　　）

4 夏休みの自由研究として，たくさんの星を観察したいと思います。そのためにはどうすればよいですか。次の**ア**～**ウ**の中から1つ選び，記号を書きなさい。(10点)

ア 満月がきれいにかがやいているときに観察する。
イ 山の上など，まわりに明かりのない場所に行って観察する。
ウ よく晴れた日より，うすぐもりの日を選んで観察する。

（　　　　）

2 右の図は，北の空で１年中見られる
おおぐま座とこぐま座を表したもので
す。あとの問いに答えなさい。(30点)

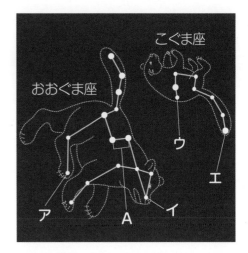

1 おおぐま座にある，７つの星がひ
しゃくのような形にならんだ部分を何
といいますか。名前を書きなさい。

（15点）

(　　　　　　　　　　)

2 北極星は，ひしゃくの形にならんだ星のＡの部分を５つ分のばした先に
あります。このことから，図の中のどの星が北極星だとわかりますか。図の
ア〜エの中から１つ選び，記号を書きなさい。(15点)

(　　　　　　)

3 てるおさんは，星座早見を使って南の空を観察しました。あとの問いに答え
なさい。(20点)

1 南の空に見える星をさがすとき，星座早見はどの向きで持ちますか。次の
ア〜エの中から１つ選び，記号を書きなさい。なお，図の下側を下にして
持つとします。(10点)

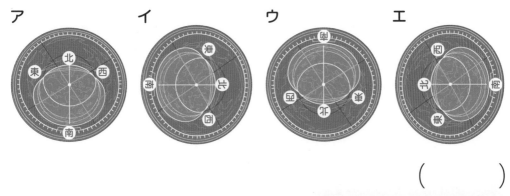

(　　　　　　)

2 てるおさんは，右の図のように真南
の空にオリオン座を見つけました。２時
間後にオリオン座はどの位置に見えると
考えられますか。図のア〜ウの中から１
つ選び，記号を書きなさい。(10点)

(　　　　　　)

1　夜空の星をよく観察すると，星が動いて見えることがわかります。次の図の①は北の空，②〜④は南・東・西のいずれかの空の星の動きを表しており，北の空の星は，★を中心に反時計回り，北以外の空の星は，東から西にかけて，大きく円をえがくように時計回りに動いて見えます。あとの問いに答えなさい。

(50点)

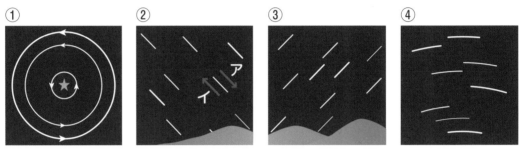

①　②　③　④

1　①の★はほかの星とちがい，動かないように見えます。この星の名前を書きなさい。(10点)

（　　　　　　　　　　　）

2　②〜④は，どの方角の空の星の動きを表していますか。「南」・「東」・「西」のいずれかをそれぞれ書きなさい。(各10点)

②（　　　　　）　③（　　　　　）　④（　　　　　）

3　②では，星はどの向きに動いて見えますか。図の**ア・イ**のどちらかを選び，記号を書きなさい。(10点)

（　　　　　　　）

2　図1は，北の空の星のようすを表しています。北の空の星は，★を中心に反時計回りに動いて見えます。あとの問いに答えなさい。(50点)

図1

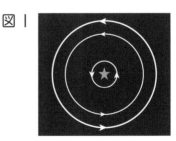

1　北の空の星は，1日にほぼ1周，つまり24時間で約360°動きます。このことから，星は1時間で約何°動くと考えられますか。数を書きなさい。(10点)

約（　　　　　　　）°

2 図2の位置にあったカシオペア
座を2時間後に観察すると，どこ
にありますか。図2の①～④の中
から１つ選び，番号を書きなさい。
(15点)

（　　　　）

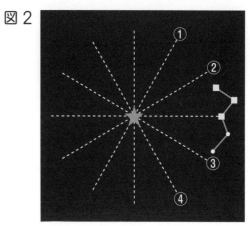

図2

3 同じ時刻で観察すると，北の空の星は，１年にほぼ１周，つまり12か
月で約360°動きます。このことから，星は，１か月で約何°動くと考えら
れますか。次の**ア**～**エ**の中から１つ選び，記号を書きなさい。(10点)

ア 約10°　　　**イ** 約30°　　　**ウ** 約60°　　　**エ** 約90°

（　　　　）

じっさいは１か月の日数はいろいろだけれど，
どの月も日数が同じだと考えて計算してね。

4 図3の位置にあったカシオペア
座を6か月後の同じ時刻に観察す
ると，どこにありますか。図3の
①～④の中から１つ選び，番号を
書きなさい。(15点)

（　　　　）

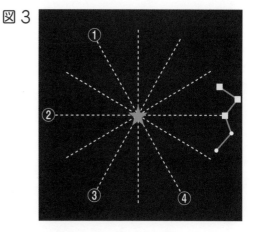

図3

**知って
いたら かっこいい！　北極星は今日も光っているのかな？**

　夜空に光る星たちは，地球からはるか遠くはなれた場所にあります。そのため，
星が出した光は，長い時間かけて地球にとどきます。たとえば北極星は，地球から約
3800兆kmはなれており，光がとどくのに約430年もかかります。北極星が今日
出した光が地球にとどくのは430年後なので，それをわたしたちが見とどけるのは，
むずかしそうですね。

第 31 回　月の動き ①

学習日　　　　月　　日　　得点　／100点

1 月について，あとの問いに答えなさい。（20点）

1 月について書かれた文として正しいものを，次の**ア〜エ**の中から｜つ選び，記号を書きなさい。（10点）

ア 月の「海」とよばれる場所には水があり，生き物がすんでいる。

イ 月は，太陽より直径が大きい。

ウ 月から地球までのきょりは，太陽から地球までのきょりより短い。

エ 月面上では，重力がまったくはたらかない。

（　　　　　）

2 右の写真のような，月の表面にたくさんあるくぼみを何といいますか。名前を書きなさい。（10点）

（　　　　　　　　）

2 満月について，あとの問いに答えなさい。（40点）

1 満月は，何時ごろに真南の空にのぼりますか。次の**ア〜エ**の中から｜つ選び，記号を書きなさい。（10点）

ア 正午ごろ　　　　**イ** 午後6時ごろ　　　　**ウ** 午後9時ごろ

エ 午前0時ごろ

（　　　　　）

2 満月を観察できた日の｜2日前と8日後では，月はどのような形に見えますか。次の**ア〜エ**の中からそれぞれ｜つずつ選び，記号を書きなさい。

（各｜5点）

ア 　**イ**　**ウ** 　**エ**

｜2日前（　　　　　）　　8日後（　　　　　）

3 ある日，しょうたさんが空を見ると，図1のように真南の方角に右側半分が光っている月がありました。あとの問いに答えなさい。(40点)

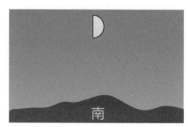

図1

1 しょうたさんが空を見たのは何時ごろだったと考えられますか。次のア～エの中から1つ選び，記号を書きなさい。(10点)

ア　正午ごろ　　　イ　午後3時ごろ　　　ウ　午後6時ごろ

エ　午後9時ごろ

（　　　　　）

2 しょうたさんが月を見た2時間後，月はどの位置にありますか。図2の①～⑤の中から1つ選び，番号を書きなさい。なお，図2の③は，図1の月の位置を表しています。

(10点)

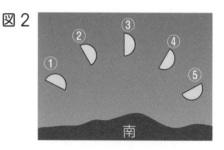

図2

（　　　　　）

3 月が真南の空にのぼることを「月の南中」といいます。月が南中してから，ふたたび南中するまでにかかる時間は約24時間50分です。つまり，月が南中する時刻は1日に50分ずつおそくなります。

しょうたさんが次の日の同じ時刻に空を見ると，図1の位置とくらべて，月はどの位置に見えますか。かんたんに書きなさい。(20点)

（　　　　　　　　　　　　　　　　　　　　　　　）

👑知っていたら かっこいい！　**月の空の色は？**

地球では，昼間の空は青い色をしています。これは，地球に空気があるためです。太陽の光にはいろいろな色の光がまざっていますが，中でも，青色の光は別の色の光にくらべて空気のつぶにぶつかってあちこちに広がりやすく，わたしたちの目にたくさん入ってきます。それで，わたしたちには空が青く見えるのです。しかし，月には空気がなく，太陽からの光がそのまま進んでくるため，地球のように青空にはなりません。

第32回　月の動き ②

1　月は，地球のまわりをまわっています。月がいろいろな位置にあるとき，地球からどのように見えるかをたしかめるために，地球に見立てた大きなボールと，月に見立てた小さなボールを用意して図のように暗い部屋にならべ，右側から光を当てました。この光が，太陽の光のかわりです。そして，地球上から月を見るように，大きなボールのまわりの⑧〜②の位置に立ち，小さなボールがどう見えるのか調べました。あとの問いに答えなさい。なお，図はボールや見る人を真上から見たようすで，地球の自転（地球自身が１日に１回転する動き）と月が動く向きは矢印でしめしています。また，見る人にできるかげはむしできるものとします。（100点）

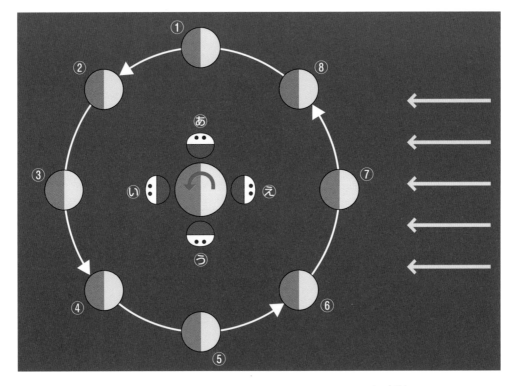

1　⑧〜②の位置からボールを見るとき，それぞれの正面が南になります。では，右手側はどの方角になりますか。「北」・「東」・「西」のいずれかを書きなさい。（10点）

（　　　　）

2 図の②から見ると，正面，つまり真南に太陽があります。すなわち，②は，地球の正午に月を見ているじょうたいにあてはまります。では，あ～③は何時ごろ月を見ているじょうたいにあてはまりますか。次の**ア～カ**の中からそれぞれ１つずつ選び，記号を書きなさい。(各10点)

ア 午前０時ごろ　　　**イ** 午前６時ごろ　　　**ウ** 午前９時ごろ

エ 正午ごろ　　　　　**オ** 午後６時ごろ　　　**カ** 午後９時ごろ

あ (　　　　　)　　　い (　　　　　)　　　③ (　　　　　)

3 ③から④・⑤・⑥のボールを見ると，どのように見えますか。次の**ア～オ**の中からそれぞれ１つずつ選び，記号を書きなさい。(各10点)

ア　　　　**イ**　　　　**ウ**　　　　**エ**　　　　**オ**

④ (　　　　　)　　　⑤ (　　　　　)　　　⑥ (　　　　　)

4 午後６時ごろ，左側が少しかけた月が見えるとき，どの方角の空に見えると考えられますか。図でのボールの見え方から考えて，「南」・「東」・「西」のいずれかを書きなさい。(10点)

(　　　　　)

午後６時はあ～②のどの位置かな？
左側が少しかけて見えるのは①～⑧
のどのボールかな？

5 月と地球，太陽の位置関係によって，地球から見ると太陽が月にかくれることがあります。このげんしょうを「日食」といいます。日食がおこるときの，月・地球・太陽のならび方について，かんたんに書きなさい。(20点)

(　　　　　　　　　　　　　　　　　　　　　　　　　　　　)

学習日	得点
月　　日	／100点

1 つかささんは，右の図のように注射器に空気や水をとじこめ，ピストンを指でおす実験をしました。あとの問いに答えなさい。（50点）

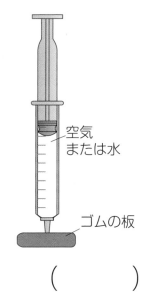

空気または水

ゴムの板

1　注射器に空気をとじこめた場合，ピストンが下がりました。このときの，中の空気について書かれた文として正しいものを，次の**ア〜ウ**の中から1つ選び，記号を書きなさい。（10点）

ア　ピストンが下がった分，体積が小さくなった。
イ　ピストンが下がった分，ゴムの板にとけこんだ。
ウ　ピストンが下がった分，外に出た。

（　　　　）

 2　注射器に空気を入れた場合，ピストンを指でおしたあと，指をはなすとどうなりますか。次の**ア〜エ**の中から1つ選び，記号を書きなさい。（10点）

ア　ピストンはそのまま動かない。
イ　ピストンは上がり，おす前と同じ所よりも下の位置で止まる。
ウ　ピストンは上がり，おす前と同じ所で止まる。
エ　ピストンは上がり，おす前と同じ所よりも上の位置で止まる。

（　　　　）

3　注射器に空気を入れた場合，手でピストンをいちばん下までおし下げることができますか。おし下げることができる場合は「○」，できない場合は「×」を書きなさい。（10点）

（　　　　）

4　注射器に水を入れた場合，ピストンを指でおすとどうなりますか。かんたんに書きなさい。（20点）

（　　　　　　　　　　　　　　　　　　　　　　　）

2 とじこめた空気のせいしつについて，あとの問いに答えなさい。（20点）

1 とじこめた空気をおしちぢめると，とじこめた空気全体（ぜんたい）の重（おも）さはおしちぢめる前とくらべてどうなりますか。次の**ア〜ウ**の中から１つ選び，記号を書きなさい。（10点）

ア 重くなる　　**イ** 軽（かる）くなる　　**ウ** かわらない

（　　　）

2 とじこめた空気のせいしつを利用（りよう）したものを，次の**ア〜ウ**の中から１つ選び，記号を書きなさい。（10点）

ア 熱気球（ねっききゅう）　　**イ** かんジュース　　**ウ** サッカーボール

（　　　）

3 空気でっぽうは，とじこめた空気のせいしつを利用したおもちゃです。右の図は，空気でっぽうのつくりを表（あらわ）しています。空気でっぽうについて，あとの問いに答えなさい。

（30点）

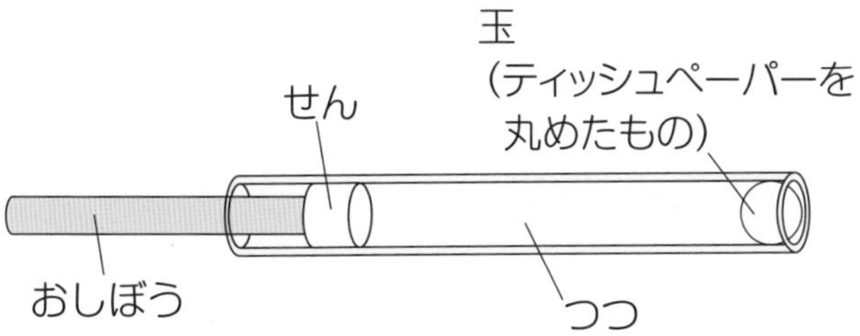

玉
（ティッシュペーパーを丸めたもの）

せん

おしぼう

つつ

1 次の**ア〜エ**は，空気でっぽうの玉がとぶしくみについて説明（せつめい）したものです。次の**ア〜エ**を正しい順（じゅん）にならべかえ，記号を書きなさい。（15点）

ア 空気が元の大きさにもどろうとする。

イ おしぼうを手でおす。

ウ 玉がとび出す。

エ 空気がおしちぢめられる。

（　　　→　　　→　　　→　　　）

2 空気でっぽうをより遠くまでとばすための工夫（くふう）としてまちがっているものを，次の**ア〜エ**から１つ選び，記号を書きなさい。（15点）

ア つつの中の空気を水にかえる。　　**イ** 玉を水でしめらせる。

ウ おしぼうをいきおいよくおす。　　**エ** つつをななめ上に向（む）ける。

（　　　）

<table>
<tr><td>学習日</td><td>得点</td></tr>
<tr><td>月　　日</td><td>／100点</td></tr>
</table>

1　みずほさんは学校で，15℃の水をビーカーに入れて実験用ガスコンロで熱し，水の温度がどう変化するか調べる実験をしました。あとの問いに答えなさい。

（70点）

1　図1は，みずほさんがはじめに実験しようとしたようすです。これを見た先生に，「このまま実験してはいけないよ。2点なおしてから始めなさい。」と言われました。どのようになおせばよいですか。2点について，それぞれかんたんに書きなさい。（各10点）

図1

温度計

（　　　　　　　　　　　　　　）

（　　　　　　　　　　　　　　）

2　正しい方法になおしてから実験したところ，水の温度は図2のように変化しました。Aの温度は何℃ですか。数を書きなさい。

（10点）

（　　　　　）℃

図2

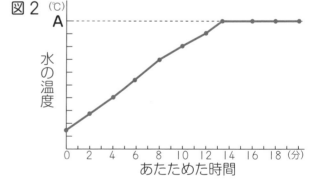

（℃）

A

水の温度

0　2　4　6　8　10　12　14　16　18（分）
あたためた時間

3　あたため始めてから5分後のビーカーの中の水のようすとして正しいものを，次の**ア**～**ウ**の中から1つ選び，記号を書きなさい。（10点）

ア　ふっとうし始めている。

イ　ふっとうはしていないが，水面から少しずつじょう発している。

ウ　ふっとうしておらず，水面からのじょう発もまったくしていない。

（　　　　　）

4 図2のように，Aの温度になると，水を熱し続けてもしばらく温度は変化しませんでした。その理由についてまとめた次の文の（ ① ）・（ ② ）にあてはまることばを，下のア～エの中からそれぞれ１つずつ選び，記号を書きなさい。（各１０点）

> 実験用ガスコンロからの熱がすべて，（ ① ）が（ ② ）にかわるのに使われ，（ ① ）の温度が上がるためには使われないから。

ア　湯気　　イ　水　　ウ　氷　　エ　水じょう気

① （　　　　　）　　② （　　　　　）

5 水の量を２倍にし，水の量以外はまったく同じじょうけんで実験をすると，Aの温度になるまでにかかる時間はどうなると考えられますか。次のア～ウの中から１つ選び，記号を書きなさい。（１０点）

ア　１４分より短くなる。　　　イ　ちょうど１４分になる。
ウ　１４分より長くなる。

（　　　　　）

> たとえば，なべでお湯をわかす場合，水が多いときと少ないときで，どちらが早くお湯がわくかな？

2 水から氷への変化について，あとの問いに答えなさい。（３０点）

1 ふつう，水を冷やしていくと，何℃で氷へと変化し始めますか。次のア～エの中から１つ選び，記号を書きなさい。（１５点）

ア　－１０℃　　イ　０℃　　ウ　１０℃　　エ　１００℃

（　　　　　）

2 ２０℃の水に，－２０℃の氷１００gを入れてよくかきまぜました。すると，氷の一部がとけ，６７gの氷がとけずに水の中にうかんでいました。このとき，この氷水の温度は何℃だと考えられますか。次のア～オの中から１つ選び，記号を書きなさい。（１５点）

ア　－２０℃　　イ　－１０℃　　ウ　０℃　　エ　１０℃　　オ　２０℃

（　　　　　）

学習日　　　月　　日　　得点　　／100点

1 じょう発が関係しているといえるものはどれですか。次の**ア～ク**の中からすべて選び, 記号を書きなさい。(15点)

ア せんたく物がかわく。　　　**イ** 寒い日の朝に, 水たまりがこおる。

ウ 氷水の中の氷がとける。　　**エ** 熱い湯に水を入れて冷ます。

オ 雨の日にできた水たまりが, 晴れた日になくなる。

カ 水そうの中の水が, こぼしていないのに少しずつへる。

キ 寒い日の朝に, 窓ガラスに水てきがつく。

ク 雨がふったとき, 水が低い所に集まって, 水たまりができる。

（　　　　　　　　　　）

2 図１のように, ビーカーに氷水と食塩を入れ, 試験管の中の水を冷やす実験をしました。表１は試験管の中の水の温度を2分ごとに記録した結果です。この実験について, あとの問いに答えなさい。(70点)

図１

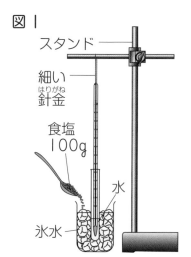

スタンド
細い針金
食塩100g
水
氷水

表１

冷やした時間(分)	0	2	4	6	8	10
水の温度(℃)	15	4	0	0	0	0

冷やした時間(分)	12	14	16	18	20
水の温度(℃)	0	0	0	0	-7

1 ビーカーに氷だけでなく食塩を入れるのはなぜですか。理由をかんたんに書きなさい。(10点)

（　　　　　　　　　　　　　　　　　　　　）

2 表1の結果を折れ線グラフで表しなさい。(20点)

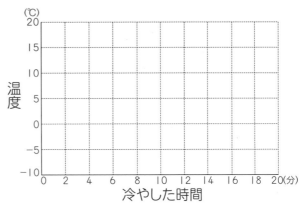

3 冷やし始めてから2分後，10分後，20分後の，試験管の中の水のようすとして正しいものを，次の**ア**〜**ウ**の中からそれぞれ1つずつ選び，記号を書きなさい。(各10点)

ア すべて水である。　　**イ** 水と氷がまざっている。
ウ すべて氷である。

2分後（　　　　）10分後（　　　　　）20分後（　　　　　）

4 冷やし始めてから20分後に試験管をとり出したときの，試験管の中の水のようすとして正しいものを，次の**ア**〜**ウ**の中から1つ選び，記号を書きなさい。ただし，点線は冷やす前の水面の位置を表しています。(10点)

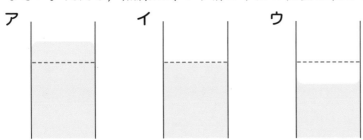

（　　　）

3 校庭のいろいろな場所で水たまりのできやすさをくらべると，すな場には水たまりができにくいことがわかりました。この理由をかんたんに書きなさい。
(15点)

（　　　　　　　　　　　　　　　　　　　　　　　　　）

学習日		得点	
	月　　日		／100点

1　4℃の水100gの体積をはかったあと，80℃になるまであたため，ふたたび体積をはかる実験をしました。あとの問いに答えなさい。なお，あたためている間に水のじょう発はなかったものとします。(55点)

1　4℃のときとくらべ，体積はどのように変化したと考えられますか。次のア〜ウの中から1つ選び，記号を書きなさい。(10点)

　　ア　小さくなった。　　　イ　大きくなった。　　　ウ　変化しなかった。

　　　　　　　　　　　　　　　　　　　　　　　　　　（　　　　）

2　4℃のときとくらべ，水全体の重さはどのように変化したと考えられますか。次のア〜ウの中から1つ選び，記号を書きなさい。(15点)

　　ア　軽くなった。　　　イ　重くなった。　　　ウ　変化しなかった。

　　　　　　　　　　　　　　　　　　　　　　　　　　（　　　　）

3　4℃の水と80℃の水で，同じ体積の分の重さをくらべると，どちらが重いですか。次のア〜ウの中から1つ選び，記号を書きなさい。(15点)

　　ア　4℃の水　　イ　80℃の水　　ウ　どちらも同じ

　　　　　　　　　　　　　　　　　　　　　　　　　　（　　　　）

4　4℃の水100gを冷やしてこおらせました。できた氷の体積と，80℃にあたためた水100gの体積をくらべると，どちらが大きいですか。次のア〜ウの中から1つ選び，記号を書きなさい。(15点)

　　ア　氷　　　イ　80℃の水　　　ウ　どちらも同じ

　　　　　　　　　　　　　　　　　　　　　　　　　　（　　　　）

水がこおると，目で見てわかるくらい，体積が大きくなるよね。

2 だいちさんは，温度が上がると空気の体積はどれくらい大きくなるのか知りたくなり，お母さんといっしょに本で調べました。次の表は，温度が0℃のときに体積が116Lだった空気をあたためたときの体積の変化をしめしています。

温度（℃）	0	10	20	30	40	50	60
体積（L）	116	120	124	128	?	136	140

※わかりやすい数値にしてあります。

下の文は，表を見た2人の会話です。（　①　）～（　③　）にあてはまる数をそれぞれ書きなさい。(各15点)

> だいち：温度が上がると，空気の体積はどんどん大きくなるんだね。
>
> 　母　：よく見ると，きそく的に大きくなっているよ。
>
> だいち：0℃で116Lだったのが10℃になると120L，さらに10℃上がって20℃になると124Lだから，10℃上がると（　①　）Lずつ大きくなるのかな。
>
> 　母　：そうだね。30℃で128L，40℃で（　②　）L……となっているね。じゃあ，126Lになるのは，何℃のときだと思う？
>
> だいち：124Lより2Lだけ大きいから……，（　③　）℃だね！
>
> 　母　：そう，あたり！

①（　　　　　）　②（　　　　　）　③（　　　　　）

知っていたら かっこいい！　水はかわりもの？

　ふつうの物質では，温度が高くなるほど体積が大きくなります。ぎゃくにいえば，温度が低くなるほど体積は小さくなります。しかし，水は，4℃になるまでは温度が低くなるほど体積が小さくなりますが，4℃より温度が低くなると，どんどん体積が大きくなるという，とてもかわったせいしつをもちます。そして，0℃になり固体のすがた（氷）になると，ぐんと体積がふえ，えき体のときの約1.1倍になります。同じ体積で考えると，水より軽くなるため，氷は水にうきます。

　氷が水にうくのは，わたしたちにとっては当たり前のことですが，水がかわりものだから見られることなのです。

1　金ぞくの体積について，あとの問いに答えなさい。(30点)

1　右の図の金ぞくでできた玉と輪は，室温のとき玉がぎりぎりで輪を通る大きさになっています。金ぞくの玉と輪をあたためたり冷やしたりして，玉が輪を通るか調べました。玉が輪を通るものを，次の**ア〜カ**の中からすべて選び，記号を書きなさい。

(15点)

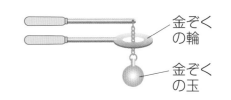

金ぞくの輪

金ぞくの玉

ア　玉だけをあたため，輪は室温のままにする。

イ　輪だけをあたため，玉は室温のままにする。

ウ　玉だけを冷やし，輪は室温のままにする。

エ　輪だけを冷やし，玉は室温のままにする。

オ　玉をあたため，輪を冷やす。

カ　玉を冷やし，輪をあたためる。

（　　　　　　　　）

2　温度変化による金ぞく（固体）の体積変化の身近な例として正しいものを，次の**ア〜ウ**の中から1つ選び，記号を書きなさい。(15点)

ア　電車のレールのつなぎ目は，冬にぴったりくっつき，夏にすき間ができる。

イ　金ぞくでできたびんのふたが開かないときは，ふたを氷水で冷やすと開きやすくなる。

ウ　橋の道路のすき間は冬にはあるが，夏にはほとんどない。

（　　　）

2　温度変化による空気の体積変化を目で見て調べるために，図のような容器をつくりました。容器の中には水が入っており，小さなあなからストローがささっています。容器とストローとの間に，空気がにげることができるすき間はありません。水はじょう発せず，また水の体積変化もむしできるものとして，あとの問いに答えなさい。(30点)

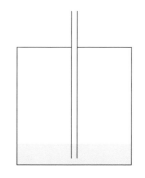

1 容器の中の空気の体積が大きくなったとき，水面はどう変化しますか。次のア～オの中から１つ選び，記号を書きなさい。なお，点線は前のページ右下の図の水面の位置をしめしています。(15点)

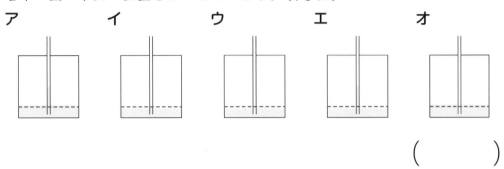

ア　イ　ウ　エ　オ

（　　　）

2 室温のとき前のページ右下の図のじょうたいだったものにあることをしたところ，ストローから水があふれてきました。容器に何をしたと考えられますか。次のア・イのどちらかを選び，記号を書きなさい。(15点)

ア　容器ごと冷ぞう庫へ入れて冷やした。

イ　熱いお湯の入ったなべに容器をつけ，あたためた。

（　　　）

3 少しへこませたマヨネーズの容器を，お湯の入った水そうに入れてどうなるかを調べる実験をしました。あとの問いに答えなさい。(40点)

1 マヨネーズの容器の中が空気だったときと水だったときでは，お湯に入れたときの容器のようすがちがいました。空気だったときと水だったときの容器のようすについて，次のア～ウの中からそれぞれ１つずつ選び，記号を書きなさい。(各10点)

ア　ぱんぱんにふくらんだ。　　イ　大きくへこんだ。

ウ　変化が見られなかった。

空気だったとき（　　　　）　　水だったとき（　　　　）

2 1のようにようすがちがったのはなぜですか。理由をかんたんに書きなさい。(20点)

（

）

学習日	得点
月　日	／100点

1 　金ぞくのあたたまり方を調べるために，次の図の①～③の形をした金ぞくの板を用意し，★の部分を下から実験用ガスコンロであたためる実験をしました。あとの問いに答えなさい。なお，板には一面にうすくろうがぬってあります。

（50点）

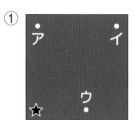 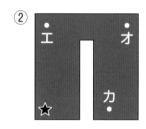 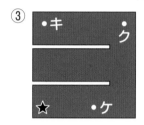

1　金ぞくの板にろうがぬってある理由を，かんたんに書きなさい。（20点）

[　　　　　　　　　　　　　　　　　　　　　　　　　　　　　　　　　　]

2　①～③それぞれの金ぞくの板で，最も熱が伝わるのがおそいのはどこですか。図の**ア～ウ**，**エ～カ**，**キ～ケ**の中からそれぞれ１つずつ選び，記号を書きなさい。（各10点）

①（　　　　　）　　②（　　　　　）　　③（　　　　　）

2　金ぞくや木，ガラスは，熱した所から順に熱が伝わって，全体があたたまります。あたたまり方は同じですが，ものの種類によって熱が伝わるはやさはちがいます。あとの問いに答えなさい。（50点）

1　木・ガラス・アルミニウムでできた，太さと長さが同じぼうがあります。これらの３本のぼうの左はしをそれぞれ同じようにあたためたとき，右はしまで熱が伝わるまでにかかる時間が最も短いのはどれですか。「木」・「ガラス」・「アルミニウム」のいずれかを書きなさい。（10点）

（　　　　　　　）

2 金ぞくの中でも，種類によって熱が伝わるはやさはちがいます。次の表は，5種類の金ぞくの「熱伝導率」という，熱の伝わりやすさを表したものです。数値が大きいほど熱を伝えやすく，熱が伝わるはやさもはやくなります。

金ぞくの種類	アルミニウム	金	銀	どう	鉄
熱伝導率	236	316	428	403	84

表にある5種類の金ぞくでできた，太さと長さの同じぼうがあります。これらの5本のぼうの右はしにろうをつけ，左はしを図1のように熱したとき，最もはやくろうがとけるのは何でできたぼうですか。「アルミニウム」・「金」・「銀」・「どう」・「鉄」のいずれかを書きなさい。（10点）

図1

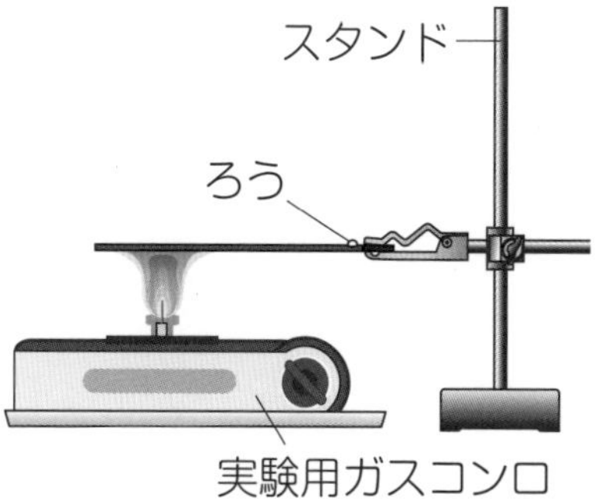

スタンド

ろう

実験用ガスコンロ

（ 　　　　　 ）

3 金ぞくA，金ぞくBでできた同じ太さの60cmのぼうの右はしにろうをつけ，左はしを同じように熱したところ，ろうがとけるまでにかかった時間は，金ぞくAでできたぼうでは30秒，金ぞくBでできたぼうでは20秒でした。

次に，図2のように，金ぞくAでできたぼうを切って金ぞくBにくっつけ，右はしと左はしにろうをつけ，2本のぼうのつなぎ目で熱したところ，右はしと左はしのろうが同時にとけました。

図2

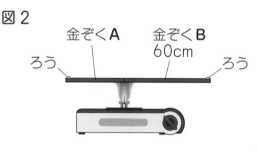

金ぞくA　　金ぞくB
60cm
ろう　　　　　　　　　　　　　ろう

金ぞくAのぼうは何cmだったと考えられますか。数を書きなさい。（10点）

（ 　　　　　 ）cm

4 寒い日に，同じ場所にある，同じ温度の木の板と鉄の板をさわると，鉄の板をさわったときのほうが冷たく感じます。その理由をまとめた次の文の（ ① ）・（ ② ）にあてはまることばをそれぞれ選び，○でかこみなさい。

（各10点）

（① 鉄 ・ 木 ）のほうが熱が伝わりやすいので，さわったときに手のひらの熱がうばわれるのが（② はやい ・ おそい ）から。

3年生　4年生

第39回　もののあたたまり方 ②

学習日	得点
月　　日	／100点

1　空気のあたたまり方について，あとの問いに答えなさい。(60点)

1　次の図は，空気のあたたまり方について学習したことをひろこさんがまとめたノートの一部です。(　①　)～(　③　)に書いてあることを，下の**ア**～**オ**の中からそれぞれ1つずつ選び，記号を書きなさい。(各10点)

> ・空気を下からあたためると，あたためられた空気は(　①　)
> そして，温度の低い空気は(　②　)
>
> ・金ぞく，水とくらべると，空気のあたたまり方は，(　③　)

ア　上へ動く。　　**イ**　下へ動く。　　**ウ**　動かない。
エ　金ぞくのあたたまり方ににている。
オ　水のあたたまり方ににている。

①(　　　　)　②(　　　　)　③(　　　　)

2　ひろこさんは，学習したことを生活にもいかそうと考えました。その日は寒かったので，部屋をエアコンであたためることにしました。ひろこさんは，エアコンの風のふき出し口を上と下のどちらに向けたと思いますか。「上」・「下」のどちらかを書きなさい。(15点)

(　　　　)

3　あるあたたかい日に，ひろこさんは，発ぽうポリスチレンの箱にいくつかのアイスクリームと保冷ざいを入れて，友だちの家に持って行くことにしました。箱全体を冷やすために，ひろこさんはどうしたと思いますか。次の**ア**～**ウ**の中から1つ選び，記号を書きなさい。(15点)

ア　箱の上のほうに保冷ざいを入れた。
イ　箱の真ん中あたりに保冷ざいを入れた。
ウ　箱の下のほうに保冷ざいを入れた。

(　　　　)

2 水のあたたまり方について，あとの問いに答えなさい。(40点)

1 図 | のように，ビーカーに水とおがくずを
入れ，★の部分を実験用ガスコンロで熱しました。おがくずはどのように動きましたか。次の
ア〜ウの中から | つ選び，記号を書きなさい。
(10点)

図 |

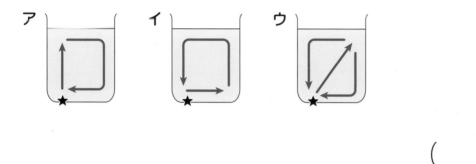

ア　　　　　　イ　　　　　　ウ

（　　　　　）

2 ふろの湯をわかしたあとしばらく置いておくと，どうなりますか。次のア
〜ウの中から | つ選び，記号を書きなさい。(15点)

ア　上のほうに冷めた湯がたまり，下のほうにあたたかい湯がたまる。

イ　上のほうにあたたかい湯がたまり，下のほうに冷めた湯がたまる。

ウ　全体が同じように少し冷める。

（　　　　　）

3 図2のようにかたむけて固定した試験管
に入った水を実験用ガスコンロであたためる
とき，どの位置に実験用ガスコンロのほのお
を当てると，水全体がはやくあたたまります
か。図2の①〜③の中から | つ選び，番号
を書きなさい。(15点)

図2

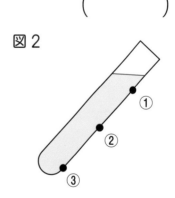

（　　　　　）

学習日		得点
	月　　日	／100点

1　太陽の光は, 地球にとどくと, 地面や水をあたためます。そして, あたためられた地面や水が, その近くの空気をあたためます。右の図は, 左側にすな, 右側に水をおいた水そうを, 太陽のかわりの電球で上からあたためたものです。あとの問いに答えなさい。(70点)

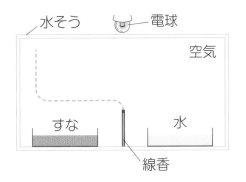

1　すなと水の間に火のついた線香を置くと, 上の図のようにけむりは左に流れたあと上に動きました。このことから, 水そうの中の空気はどのように動いていると考えられますか。次の**ア〜ウ**の中から1つ選び, 記号を書きなさい。(10点)

ア　　　　　　　**イ**　　　　　　　**ウ**

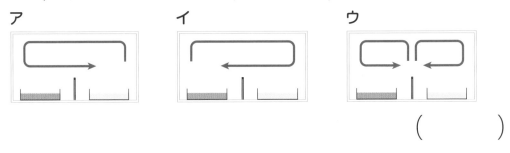

（　　　　　　）

2　1のように空気が動いたことから, すなと水ではどちらがあたたまりやすいとわかりますか。「すな」・「水」のどちらかを書きなさい。(20点)

（　　　　　　）

3　この実験から, よく晴れた日の昼間に海辺に立っていると, どの方向の風を感じると考えられますか。「海側から陸側」・「陸側から海側」のどちらかを書きなさい。(20点)

（　　　　　　）

水そうの中の, 線香のあたりに人が立っていると想像してみよう。

④ 水そうの中の左側に置いたすなを白いすなにかえ，また右側に置いた水を黒いすなにかえ，同じように実験しました。空気はどのように動くと考えられますか。すなと水を置いたときの空気の動きとくらべて，かんたんに書きなさい。（20点）

（　　　　　　　　　　　　　　　　　　　　　　　　　　　　　　　）

2 熱の大きさの単位には，「Ｊ（ジュール）」が使われます。たとえば，1ｇの水の温度を1℃上げるのに必要な熱の大きさは，約4.2Ｊとされています。あとの問いに答えなさい。（30点）

① 1ｇの水の温度を2℃上げるのに必要な熱の大きさは何Ｊですか。次の**ア**〜**エ**の中から1つ選び，記号を書きなさい。（15点）

ア 約2.1Ｊ **イ** 約4.2Ｊ **ウ** 約8.4Ｊ **エ** 約10.0Ｊ

水の量が同じだから，温度を1℃の2倍の2℃上げるためには，熱も2倍の大きさが必要だよ。

（　　　　　　）

② 10ｇの水の温度を1℃上げるのに必要な熱の大きさは何Ｊですか。次の**ア**〜**エ**の中から1つ選び，記号を書きなさい。（15点）

ア 約4.2Ｊ **イ** 約8.4Ｊ **ウ** 約21.0Ｊ **エ** 約42.0Ｊ

（　　　　　　）

知っていたら **かっこいい！** 地球の夜と月の夜

地球も月も，太陽の光が当たっている昼の間は，太陽の光によってあたためられます。しかし夜になって太陽の光がなくなると，うちゅうへと熱がにげていくため，温度が下がります。月では，何と，夜の温度は−170℃まで下がるといわれています。地球は，空気があり，冷めにくいせいしつのある海水におおわれているおかげで，そこまで寒くなりません。

第41回　電気のはたらき ①

学習日　　　月　　日

得点　　／100点

1 次の図の**ア〜ウ**のように，かん電池の数とつなぎ方をかえて豆電球1こに
つなぎ，豆電球の明るさをくらべました。あとの問いに答えなさい。なお，豆
電球とかん電池は同じ種類の新しいものを使っているものとします。(70点)

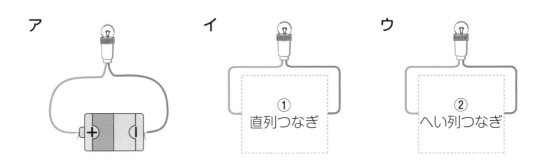

ア　　　　　　　　イ　　　　　　　　ウ

① 直列つなぎ　　　② へい列つなぎ

1 図の①にはかん電池2この直列つなぎ，②にはかん電池2このへい列つ
なぎが入ります。①・②に入る正しいつなぎ方を，次の**あ〜え**の中からそれ
ぞれ1つずつ選び，記号を書きなさい。(各10点)

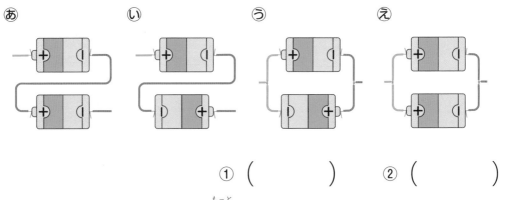

あ　　　　　　　い　　　　　　　う　　　　　　　え

①（　　　　　）　②（　　　　　）

2 図の**ア〜ウ**のうち，豆電球が最も明るく光ったのはどれですか。**ア〜ウ**
の中から1つ選び，記号を書きなさい。(10点)

（　　　　　）

3 図の**ア〜ウ**のうち，豆電球が最も長い時間光り続けたのはどれですか。**ア**
〜ウの中から1つ選び，記号を書きなさい。(10点)

（　　　　　）

4 　車輪にモーターをつけた車にかん電池を2こつないでモーターを動かし，車を走らせたいと思います。かん電池1このときより車を速く走らせたいときと，車を長い時間走らせたいときは，どのようにかん電池をつなげばよいですか。それぞれ図にどう線をかき加えなさい。(各15点)

車を速く走らせたいとき

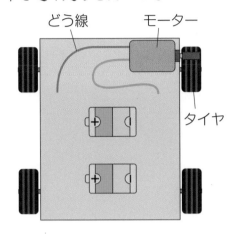

車を長い時間走らせたいとき

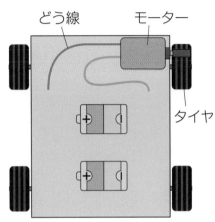

2 　かん電池1ことと豆電球2こを図1・図2のようにつなぎました。あとの問いに答えなさい。なお，豆電球とかん電池は同じ種類の新しいものを使っているものとします。(30点)

1 　一方の豆電球をソケットからはずすと，もう一方の豆電球もあかりが消えるのはどちらですか。「図1」・「図2」のどちらかを書きなさい。(15点)

（　　　　）

図1

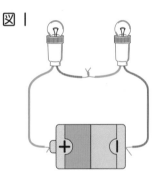

2 　図1の豆電球より，図2の豆電球のほうが明るく光りました。このことから，豆電球が長い時間光り続けるのはどちらだと考えられますか。「図1」・「図2」のどちらかを書きなさい。(15点)

（　　　　）

図2

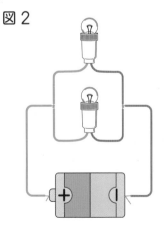

学習日		得点
	月　日	／100点

1 豆電球やかん電池のつなぎ方をかんたんに表すために，図１のような記号を使うことがあります。あとの問いに答えなさい。(50点)

図１　　　　　　　図２　　　　　　　図３

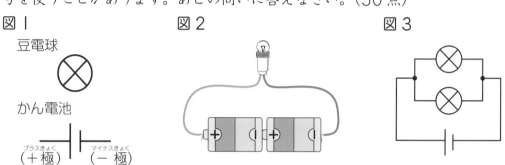

豆電球

かん電池

（＋極）　　（－極）

1　図２の回路は，図１の記号を使って表すとどのようになりますか。次のア～エの中から１つ選び，記号を書きなさい。(15点)

ア　　　　　　　イ　　　　　　ウ　　　　　　エ

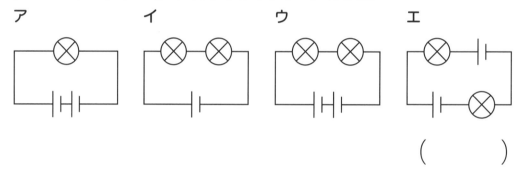

（　　　）

2　図１の記号を使って表した図３の回路は，じっさいにはどのようなつなぎ方ですか。次のア～ウの中から１つ選び，記号を書きなさい。(15点)

ア　　　　　　　イ　　　　　　ウ

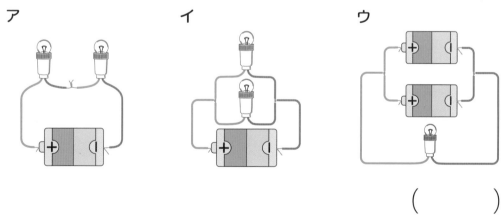

（　　　）

3 かん電池2こをへい列
つなぎにし，豆電球1こ
をつないだ回路を，図1
の記号や図3を参考にし
てかきなさい。(20点)

2 次の図のA～Cのように，かん電池と豆電球をつなぎ，豆電球の明るさをく
らべました。あとの問いに答えなさい。なお，豆電球とかん電池は同じ種類の
新しいものを使っているものとします。(50点)

A   B   C

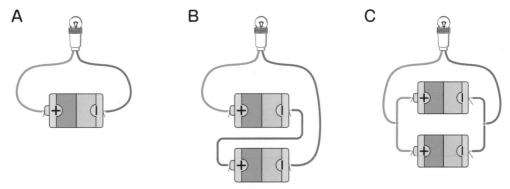

1 A～Cの中で，回路に流れる電流が最も大きいものを1つ選び，記号
を書きなさい。(25点)

(　　　)

2 A～Cと同じ種類の新しい豆電球とかん電池を
使って，Dのようにつなぎました。豆電球の明る
さの説明として正しいものを，次の**ア**～**ウ**の中か
ら1つ選び，記号を書きなさい。(25点)

ア AとCとDの豆電球の明るさは同じだった。
イ BとDの豆電球の明るさは同じだった。
ウ Bの豆電球よりもDの豆電球のほうが明る
かった。

D

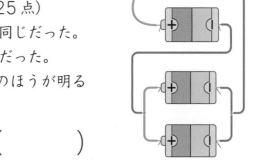

(　　　)

第43回 電気のはたらき ③

学習日　　　月　　日　　得点　／100点

1 モーターとかん電池，スイッチ，けん流計を図１のようにつなぎました。スイッチを入れると，図２のようにけん流計のはりが動きました。あとの問いに答えなさい。（60点）

図１

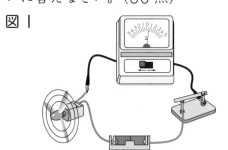

図２

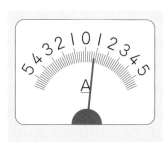

1 かん電池を２こにし，直列つなぎとへい列つなぎにして，それぞれけん流計のはりの動きを調べました。直列つなぎとへい列つなぎのそれぞれについて，次の**ア～カ**の中から１つずつ選び，記号を書きなさい。ただし，いずれもかん電池の＋極側がモーター側になるようにつないだものとします。（各15点）

ア 図２と同じ向きに，同じだけ動く。

イ 図２と同じ向きに，図２より大きく動く。

ウ 図２と同じ向きに，図２より小さく動く。

エ 図２と反対の向きに，同じだけ動く。

オ 図２と反対の向きに，図２より大きく動く。

カ 図２と反対の向きに，図２より小さく動く。

直列つなぎ（　　　　）　　へい列つなぎ（　　　　）

2 かん電池の数はかえず，向きを反対にすると，けん流計のはりの動きはどうなりますか。１の**ア～カ**の中から１つ選び，記号を書きなさい。（10点）

（　　　　）

3 ２のようにしたとき，モーターの回転はどうなりますか。「回転の向き」・「回転の速さ」に注目して，かんたんに書きなさい。（20点）

（

）

2 りゅういちさんは，テレビのリモコンがきかなくなったので，入っていたかん電池を新しいかん電池に入れかえようと思い，家の中をさがしました。あとの問いに答えなさい。なお，中に入っていたのは単4形のものでした。

(40点)

1 家の中には，単4形のものだけでなく，単1形や単2形など，いろいろな大きさのかん電池がありました。単1形のかん電池の大きさは，単4形のものとくらべるとどうちがいますか。次の**ア～ウ**の中から1つ選び，記号を書きなさい。(10点)

ア 単4形のものより直径も長さも大きい。

イ 単4形のものと直径は同じだが，長さは大きい。

ウ 単4形のものと長さは同じだが，直径は大きい。

(　　　　)

> わからなかったら，あなたの家にあるかん電池を見て調べてね！

2 りゅういちさんは，それぞれのかん電池について，大きさ以外にちがうことがあるかどうかを調べることにしました。単1形と単3形のかん電池に新しいものがあったので，それぞれに同じ豆電球を1つずつつなぎ，豆電球の明るさと，光り続ける時間の長さを調べたところ，どちらも豆電球の明るさは同じで，単1形のほうが単3形よりも長く豆電球を光らせることがわかりました。このことからわかることを，次の**ア～カ**の中から2つ選び，記号を書きなさい。(各15点)

ア 単3形のものにくらべ，単1形のもののほうが電気を流す強さが大きい。

イ 単1形のものにくらべ，単3形のもののほうが電気を流す強さが大きい。

ウ 単1形のものと単3形のもので，電気を流す強さはかわらない。

エ 単3形のものにくらべ，単1形のもののほうが長い時間電気を出すことができる。

オ 単1形のものにくらべ，単3形のもののほうが長い時間電気を出すことができる。

カ 単1形のものと単3形のもので，電気を出すことができる時間の長さはかわらない。

(　　　)(　　　)

第44回　3・4年生のまとめ ①

学習日　　　月　　日

得点　　／100点

1 みどりさんは，ホウセンカのたねをビニルポットにまいて育てることにしました。あとの問いに答えなさい。(60点)

1 何日かたつと，ホウセンカの芽が出てきました。ホウセンカの子葉は何まいありますか。数を書きなさい。(10点)

（　　　　　）まい

2 子葉の間から葉が何まいか出たあと花だんに植えかえると，その後もホウセンカはぐんぐん大きくなりました。ある日観察すると，みどりさんは花がさいているのを見つけました。ホウセンカの花はどれですか。次の**ア～エ**の中から1つ選び，記号を書きなさい。(10点)

ア 　**イ** 　**ウ** 　**エ**

（　　　　　）

3 ホウセンカの花を観察した日は1日中くもりでした。くもりの日の気温変化について書かれた文として正しいものを，次の**ア～ウ**の中から1つ選び，記号を書きなさい。(10点)

ア 晴れの日よりも1日の気温変化が大きい。
イ 晴れの日よりも1日の気温変化が小さい。
ウ 晴れの日と1日の気温変化にちがいが見られない。

（　　　　　）

4 花がかれたあと，ホウセンカの実の中に新しいたねができました。ホウセンカの実がじゅくすと，はじけて中のたねがとび出します。このことで，どんな利点がありますか。かんたんに書きなさい。(20点)

（　　　　　　　　　　　　　　　　　　　　　）

5 冬になるとホウセンカはかれました。ホウセンカのように，冬になるとかれる植物を，次のア〜エの中から１つ選び，記号を書きなさい。(10点)

ア　サクラ　　　イ　タンポポ　　　ウ　ヘチマ　　　エ　イチョウ

(　　　　　)

2 重さが20gの丸いじしゃくを２つと，丸いじしゃくがぴったり入る直径の，重さが30gのプラスチックのつつを用意し，はかりで重さをはかる実験をしました。あとの問いに答えなさい。(40点)

1 図１のように，丸いじしゃく２つとつつをすべてはかりの上に置きました。はかりは何gをしめしますか。数を書きなさい。

(10点)

(　　　　　)g

図１

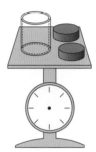

2 はかりの皿の上で立てたつつの中に，N極が上になるように丸いじしゃくを１つ入れ，その上からそっともう１つの丸いじしゃくを入れたところ，図２のように上のじしゃくがうきました。このとき，上のじしゃくの下側は何極になっていますか。「N」・「S」のどちらかを書きなさい。

(15点)

(　　　　　)極

図２

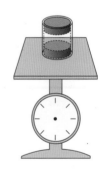

3 2のとき，はかりを見ると70gをしめしていました。このことからわかることを，次のア〜ウの中から１つ選び，記号を書きなさい。(15点)

ア　はかりには，ういているじしゃくの重さはかからない。

イ　じしゃくがういていても，その分の重さがはかりにかかる。

ウ　ういているじしゃくの重さはなくなる。

(　　　　　)

学習日　月　日

得点　／100点

1　次の文を読んで, あとの問いに答えなさい。(100点)

　　なおこさんは, ある日, 田んぼの生き物の観察会に参加しました。田んぼには, メダカやオタマジャクシが泳ぎ, ①水の中にすむこん虫もたくさんいました。近くの草むらでは, ②バッタやカマキリのよう虫を見つけました。先生からは「毒をもつヘビに気をつけるように」と言われました。

　　観察会の中で, 生き物は③「食べる・食べられる」の関係でつながっていることを教えてもらいました。下の図は, この関係を表したものです。図の中の→は, たとえば「植物を草食動物が食べて, 養分をとり入れる」ことを表しています。

　　植物 → 草食動物 → 小さな肉食動物 → 大きな肉食動物

　　また, 土の中の小動物や菌類・細菌類は, かれ葉や動物の死がい・ふんを小さく分解します。その分解したものが植物の肥料にもなります。このように, 自然の中でいろいろな生き物が複雑につながり合っているのです。

　　なおこさんは, 観察会を通してたくさんのことを学びました。

　　そして夕方, なおこさんが, 帰りの④電車の中でガタンゴトンとゆられながらまどの外をながめると, ⑤空の高いところに半月が見えました。

1　下線部①について, 水の中にすむこん虫を, 次の**ア〜エ**の中から１つ選び, 記号を書きなさい。(10点)

ア　ゲンゴロウ　　**イ**　モンシロチョウ　　**ウ**　コオロギ

エ　アブラゼミ

（　　　）

2　下線部②について, バッタやカマキリのなかまは, どのように成長しますか。次の**ア〜エ**の中から１つ選び, 記号を書きなさい。(10点)

ア　たまご→よう虫→さなぎ　　**イ**　たまご→よう虫→さなぎ→成虫

ウ　たまご→よう虫→成虫　　**エ**　たまご→よう虫→成虫→さなぎ

（　　　）

3 下線部②について，バッタやカマキリのなかまはどのようなすがたで冬ごししますか。次の**ア～エ**の中から１つ選び，記号を書きなさい。(10点)

ア たまご **イ** よう虫 **ウ** さなぎ **エ** 成虫

( )

4 下線部③について，田んぼで見られる次の３種類（しゅるい）の生き物を，「食べられる生き物→食べる生き物」の順（じゅん）にならべかえなさい。(15点)

| オオカマキリ トノサマバッタ イネの葉 |

(→ →)

5 下線部④について，電車がガタンゴトンとゆれるのは，レールのつなぎ目にすき間があるからです。このすき間の大きさが夏と冬でどう変化（へんか）するか，かんたんに書きなさい。(20点)

( )

6 下線部⑤について，このとき見えた半月のようすとして正しいものを，次の**ア～エ**の中から１つ選び，記号を書きなさい。(15点)

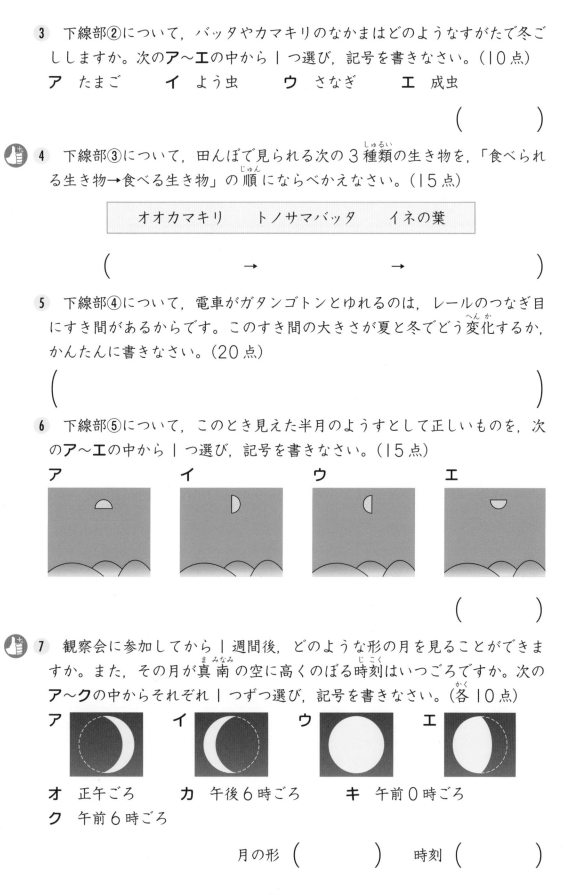

( )

7 観察会に参加してから１週間後，どのような形の月を見ることができますか。また，その月が真南（まみなみ）の空に高くのぼる時刻（じこく）はいつごろですか。次の**ア～ク**の中からそれぞれ１つずつ選び，記号を書きなさい。(各（かく）10点)

オ 正午ごろ **カ** 午後６時ごろ **キ** 午前０時ごろ
ク 午前６時ごろ

月の形 ( ) 時刻 ( )

学習日　　　月　　日

得点　　　／100点

1　ある晴れた日に，太陽の光についていろいろな実験をしました。あとの問いに答えなさい。(50点)

1　平らな地面に置いた紙の上に，ぼうを垂直に立てて，ぼうのかげの先がどこにくるのかを記録しました。このときの結果として正しいものを，次のア～ウの中から1つ選び，記号を書きなさい。なお，●はぼうを置いていた位置を表しています。(15点)

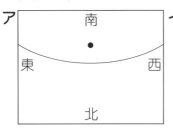  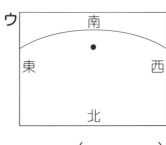

（　　　　）

2　右の図のような3種類の色つきの水を入れたペットボトルを日なたにしばらく置いたあと，それぞれの水の中の温度を調べました。最も温度が高くなったものを，図の①～③の中から1つ選び，番号を書きなさい。なお，最初の温度は3つとも同じだったとします。(15点)

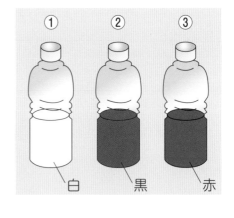

（　　　　）

3　とうめいなガラスのコップに水を入れて水面の位置に印をつけ，日なたにしばらく置いておきました。そのあと水面の位置を見ると，印より下になっていました。これはなぜですか。理由をかんたんに書きなさい。なお，コップから水がこぼれたわけではないものとします。(20点)

（　　　　　　　　　　　　　　　　　　　　　　　　）

2 日常生活において，電気は光や熱などにかえられ，利用されています。モーターでは，電気は回転する力にかえられています。

手回し発電機はモーターの反対で，回転する力を電気にかえる道具です。右の図のように，手回し発電機のどう線をモーターにつないで，矢印の方向にハンドルを回すと，モーターについたプロペラが上から見て反時計回りに回転しました。あとの問いに答えなさい。(30点)

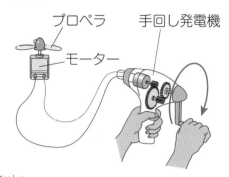

1 手回し発電機を矢印と反対の方向に，最初よりはやく回すとどうなりますか。次の**ア〜エ**の中から1つ選び，記号を書きなさい。(15点)

ア 上から見て時計回りに，最初よりはやくプロペラが回る。

イ 上から見て時計回りに，最初よりゆっくりプロペラが回る。

ウ 上から見て反時計回りに，最初よりはやくプロペラが回る。

エ 上から見て反時計回りに，最初よりゆっくりプロペラが回る。

（　　　　　）

2 モーターのかわりに豆電球をつなげました。豆電球の光り方はどうなりますか。次の**ア〜ウ**の中から1つ選び，記号を書きなさい。(15点)

ア 手回し発電機を回していてもいなくても，豆電球は光る。

イ 手回し発電機を回している間だけ，豆電球が光る。

ウ 手回し発電機を回している間も，豆電球は光らない。

（　　　　　）

3 右の図は，北の空に見える星のようすです。あとの問いに答えなさい。(20点)

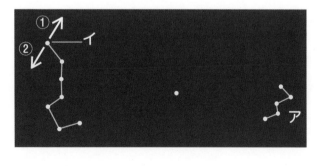

1 図の**ア**の星座の名前を書きなさい。(10点)

（　　　　　）座

2 図の**イ**の星は，時間がたつとどの方向に動きますか。図の①・②のどちらかを選び，番号を書きなさい。(10点)

（　　　　　）

メ モ

Ｚ会グレードアップ問題集
小学3・4年　理科　改訂版

初版　　第1刷発行　　2016年7月10日
改訂版 第1刷発行　　2020年2月10日
改訂版 第9刷発行　　2023年9月10日

編者　　　Ｚ会編集部
発行人　　藤井孝昭
発行所　　Ｚ会
　　　　　〒411-0033　静岡県三島市文教町1-9-11
　　　　　【販売部門：書籍の乱丁・落丁・返品・交換・注文】
　　　　　TEL　055-976-9095
　　　　　【書籍の内容に関するお問い合わせ】
　　　　　https://www.zkai.co.jp/books/contact/
　　　　　【ホームページ】
　　　　　https://www.zkai.co.jp/books/
装丁　　　Concent, Inc.
表紙撮影　髙田健一（studio a-ha）
写真提供　伊東山勤　晶子のお庭は虫づくし
　　　　　チエルコミュニケーションブリッジ株式会社　PIXTA
印刷所　　シナノ書籍印刷株式会社

ISBN　978-4-86290-309-9

Z会 グレードアップ問題集 改訂版

小学 **3・4** 年

理科

解答・解説

解答・解説の使い方

ポイント①

答え では，正解を示しています。

ポイント②

考え方 では，各設問のポイントやアドバイスを示しています。

第1回

答え

1 ①半そでの服を長そでの服に，半ズボンを長ズボンにかえなければならない。
②イ

2 ①ア ②イ ③ウ

3 ①イ ②ウ
③

考え方

1 ①・②自然観察をするときには，長袖の服と長ズボンを着用します。半袖の服や半ズボンを着用していると，植物に触れてかぶれたり，虫にさされたり，かまれたりすることが多くなります。

2 ①植物のたねなど，動かせるものを虫めがねで観察するときには虫めがねを目の近くに持ち，見るものを虫めがねに近づけたり虫めがねから遠ざけたりして見ます。
②大きな木の表面など，動かせないものを虫めがねで観察するときには，虫めがねを目に近づけたり目から遠ざけたりして見ます。また，からだを近づけたり遠ざけたりして見ることもあります。
③太陽のように眩しく光るものを虫めがねで見ると，目を痛め，大変危険です。

3 ①ゼニゴケは，日当たりが悪く土が湿っている場所によく見られます。
③ナナホシテントウの羽の頭に近い部分に黒い点が1つ，そのすぐ下に点が2つあります。7つの点が左右対称に並んでいれば正解としてください。

第2回

答え

1 ①イ ②ア ③イ

2 葉が太陽の光をさえぎるから。

3 ①② ②ウ ③ウ

考え方

1 ②ホウセンカの苗を植えかえるときは，根を傷つけないように，根のまわりの土ごと植えかえをします。
③ヘチマやヒマワリ，オクラなどと同じように，ホウセンカも子葉とは異なる形の葉（本葉）をつけます。

2 ヘチマやゴーヤ，アサガオのように，夏になるとたくさんの葉をしげらせ，つるを伸ばして大きくなる植物は「緑のカーテン」としてよく使われます。「太陽の光を遮断する」という内容が書けていれば正解です。なお，「太陽」という語を必ず使い，また理由を問われているので，「～から。」「～ため。」で文が終わるようにします。

3 ①・②図の②には，花びらの下の部分に長くふくらんだ部分があります。この部分がヘチマの実になると考えられます。たねは実の中にできます。
③収穫したたねはふつう，涼しい場所で保存します（種類によって保存方法は異なります）。アのように水に入れたままにしておくと腐ってしまうことや，イのように粉にすると将来子葉になるところなどが破壊されてしまうことに気づけるといいですね。

2

保護者の方へ

この冊子では，**問題の答え**や，**各単元の学習ポイント**，お子さまをほめたりはげましたりする声かけのアドバイスなどを掲載しています。問題に取り組む際や丸をつける際にお読みいただき，お子さまの取り組みをあたたかくサポートしてあげてください。

本書では，教科書よりも難しい問題を出題しています。お子さまが解けた場合は，いつも以上にほめてあげて，お子さまのやる気をさらにひきだしてあげることが大切です。

答え

1 ①半そでの服を長そでの服に，半ズ
　　ボンを長ズボンにかえなければな
　　らない。
　②イ
2 ①ア　②イ　③ウ
3 ①イ　②ウ
　③

考え方

1 ①・②自然観察をするときには，長袖
　の服と長ズボンを着用します。半袖の服
　や半ズボンを着用していると，植物に触
　れてかぶれたり，虫にさされたり，かま
　れたりすることが多くなります。
2 ①植物のたねなど，動かせるものを
　虫めがねで観察するときには虫めがねを
　目の近くに持ち，見るものを虫めがねに
　近づけたり虫めがねから遠ざけたりして
　見ます。
　②大きな木の表面など，動かせないものを
　虫めがねで観察するときには，虫めがね
　を目に近づけたり目から遠ざけたりして
　見ます。また，からだを近づけたり遠ざ
　けたりして見ることもあります。
　③太陽のように眩しく光るものを虫めがね
　で見ると，目を痛め，大変危険です。
3 ①ゼニゴケは，日当たりが悪く土が
　湿っている場所によく見られます。
　③ナナホシテントウの羽の頭に近い部分に
　黒い点が1つ，そのすぐ下に点が2つ
　あります。7つの点が左右対称に並んで
　いれば正解としてください。

答え

1 ①イ　②ア　③イ
2 葉が太陽の光をさえぎるから。
3 ①②　②ウ　③ウ

考え方

1 ②ホウセンカの苗を植えかえるとき
　は，根を傷つけないように，根のまわり
　の土ごと植えかえをします。
　③ヘチマやヒマワリ，オクラなどと同じよ
　うに，ホウセンカも子葉とは異なる形の
　葉（本葉）をつけます。
2 ヘチマやゴーヤ，アサガオのように，
　夏になるとたくさんの葉をしげらせ，つ
　るを伸ばして大きくなる植物は「緑の
　カーテン」としてよく使われます。「太
　陽の光を遮断する」という内容が書けて
　いれば正解です。なお，「太陽」という
　語を必ず使い，また理由を問われている
　ので，「～から。」「～ため。」で文が終わ
　るようにします。
3 ①・②図の②には，花びらの下の部分
　に長くふくらんだ部分があります。この
　部分がヘチマの実になると考えられます。
　たねは実の中にできます。
　③収穫したたねはふつう，涼しい場所で保
　存します（種類によって保存方法は異な
　ります）。アのように水に入れたままに
　しておくと腐ってしまうことや，イのよ
　うに粉にすると将来子葉になるところな
　どが破壊されてしまうことに気づけると
　いいですね。

答え

1 ①イ

② 花が開いていない。

③ウ ④エ

2 ①ア ②ウ

考え方

1 ①タンポポやヒマワリ, コスモスといったキク科の植物は, たくさんの小さな花が集まって1つの大きな花のようになります。

②タンポポはまわりの明るさによって花を開閉します。夕方の場合は花が開いていない（あるいは閉じている）ことを書けていれば正解です。

③写真をよく見て答える問題です。花と一緒に写っているナナホシテントウの大きさから, オオイヌノフグリの花は500円玉よりもずっと小さいことがわかります。また, 花びらは4枚あります。花の真ん中から出ている細長いものは, おしべとめしべです。

④シロツメクサは, クローバーともいいます。3枚の葉が向かい合っています。

2 ①図では, 茎の下のほうは花がさき, 上のほうにはつぼみがあります。そのことから, アブラナの花は茎の下のほうにあるものから順にさいていくことがわかります。

②アブラナは漢字で「油菜」と書き, 字の通りたねから菜種油を採取することができます。

答え

1 ①①水 ②出た ③である

②う ③○

2 ①ウ ②イ, エ

3 数がへる。

考え方

1 今回のように, 発芽の条件を調べたい時は, 調べたい条件だけが違うものの結果を比べる必要があります。

①③「な」などでも正解です。

②オと水の有無のみが違うエでは発芽しています。そのことから, オで発芽しなかったのは, 水がなかったためだとわかります。

③アとウの結果を比べると, 発芽には日光が必要ないことがわかります。カは土と日光がなく, 水があるため, 発芽すると考えられます。

2 ①ヒマワリのたねは, 白と黒のしま模様の細長い形をしています。アはホウセンカ, イはタンポポ, エはインゲンマメのたねです。

②ヒマワリやホウセンカなどの茎は, まっすぐ直立してのびます。春頃に発芽して, 秋から冬には枯れます。

3 外国からきた植物は「外来種」と呼ばれ, 外国と日本との間で人や物の行き来がさかんになり始めた時期から多くみられるようになりました。外来種が増加すると, もともと日本にいた植物が生育できる場所が減ってしまいます。そのため, 数が減少します。

答え

1 ❶ ア　❷ イ
　❸ ①ア　②オ　③ケ
2 ❶ イ　❷ ウ　❸ ウ
　❹ さなぎになった。

考え方

1 ❶モンシロチョウの幼虫は，キャベツやダイコンなどアブラナ科の植物の葉をそれぞれえさとして食べるので，成虫はその葉に卵を産みつけます。
❷モンシロチョウの卵は細長い形をしています。アはアゲハ，ウはカイコガの卵です。
❸モンシロチョウの卵は，1mmほどの大きさです。はじめうすい黄色だった卵はふ化が近づくにつれオレンジ色になります。ふ化した幼虫は，すぐに卵の殻を食べます。脱皮のときも，ぬいだ皮を食べます。
2 ❶幼虫を飼育するときは，直接日光の当たらない場所に容器を置きます。
❷観察カードに書かれた特徴にあてはまる写真を選びます。アゲハの幼虫は4齢幼虫までは鳥の糞に似せた白黒の模様をしていますが，5齢幼虫は鮮やかな緑色の姿にかわります。
❸アゲハの5齢幼虫は，黄色のつのから出るいやなにおいで天敵を驚かせます。
❹❸の観察カードにあてはまる5齢幼虫は，蛹になる場所を探すと口から糸を出してからだを固定し，蛹になる準備をします。そして最後にもう一度脱皮し，蛹になります。

答え

1 ❶

　❷イ
2 ❶①8　②2　③はね
　❷×
3 ❶むねに6本のあしがついている。
　❷ア，ウ

考え方

1 ❶あしがついている部分が胸部（むね）です。問題文にあるとおり，黒くぬりつぶします。
❷昆虫の胸部には，運動器官であるあしとはねがついています。ただし，アリなど，はねをもたない昆虫もいます。
2 ❶・❷図2の写真のように，クモのからだは頭と胸がいっしょになった頭胸部と腹部の2つに分かれており，頭胸部に8本のあしがついています。クモは，昆虫類ではなく，クモ類に分類されます。
3 ❶・❷昆虫は，次の2つの特徴をもっています。
　・からだが頭部・胸部・腹部の3つの部分に分かれている。
　・胸部にはあしが6本ついている。
これらの特徴を満たさない生き物は，昆虫ではありません。

答え

1 ❶ ①ウ ②イ
　❷完全変態：ア，オ，カ
　　不完全変態：イ，ウ，エ
　❸③やご　④水の中
2 ❶イ　❷ア
　❸はねがしわしわなところ。

考え方

1 ❶完全変態の昆虫は，卵→幼虫→さなぎ→成虫の順に成長します。不完全変態の昆虫にはさなぎの時期はなく，卵→幼虫→成虫の順に成長します。
❸①トンボの幼虫はやごとよばれます。「ヤゴ」と答えても正解です。
②「水中」と答えても正解です。やごは水中で生活するので，トンボの成虫は，水辺に卵を産みます。

2 ❶カイコガを飼って絹糸を作る養蚕は，5000年以上前から続いてきたといわれています。
❷実験の結果，虫かごを覆う画用紙の色がちがうと，さなぎの色がかわることがわかります。幼虫に与えるえさや，幼虫を飼育する温度は同じなので，それらがさなぎの色のちがいに関係するかどうかはわかりません。
❸写真を見ると，はねがしわしわに縮んでいることがわかります。これは，さなぎの中ではねが折りたたまれていたからです。さなぎから出た直後のチョウは，腹部から体液をはねへと送り，はねを伸ばします。

答え

1 ❶アブラゼミのよう虫：ウ
　　アブラゼミの成虫：ウ
　　カブトムシのよう虫：イ
　　カブトムシの成虫：ウ
　　ナナホシテントウのよう虫：エ
　　ナナホシテントウの成虫：エ
　❷イ　❸ア
2 食べ物をなめやすい口：ア，オ
　食べ物をかみちぎりやすい口：イ，エ
3 ❶てきであるほかの生き物に見つかりにくい。
　❷

考え方

1 ❷ゲンジボタルは川の水の中にすむことから，川の水の中にあるものを食べると考えられます。
2 カブトムシの成虫は樹液を，イエバエの成虫はくさった果物などの汁をなめます。また，オオカマキリはほかの昆虫を，ショウリョウバッタは草をかみちぎります。
3 ❶「ほかの生き物に見つかりにくい」という内容が書けていれば正解です。
❷写真の昆虫は，ハイイロセダカモクメの幼虫です。ヨモギの花穂に擬態しています。

答え

1. ①方位じしん（方位磁針）
   ②西　③ア　④ア
   ⑤太陽の高さが，時刻によって変化するから。
2. ①イ
   ②①ア　②イ　③ウ

考え方

1 ③太陽はかげのできるほうと反対側にあります。実際に問題の図に太陽をかきこんでみると，その位置に太陽があるのが正午より前か後か，見当をつけやすくなります。
④かげの向きは，太陽の動きにともなって次の図のように変化します。

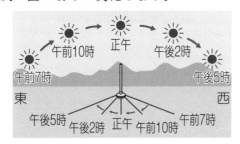

⑤太陽の高さの変化に注目できていれば正解です。なお，理由を問われているので，「～から。」「～ため。」で文が終わるようにします。
2 ①太陽が高い位置にあるほど，できるかげは短くなります。
②夏に日が長いのは，太陽が早い時刻からのぼり始め，沈む時刻も遅いからであることをしっかり確認しましょう。夏でも冬でも，正午に太陽が真南の空にのぼる（つまり真北にかげができる）ことは同じです。

答え

1. ①イ　②日なた　③イ
   ④日なた
2. ・右の木のかげの向き。
   ・2人の子どものかげの長さがちがう。
3. ①イ　②ア

考え方

1 ③ダンゴムシは，暗い場所を好みます。また，コケは乾燥に弱く，暗くじめじめした場所に生育しています。
④温度が高く乾燥している場所ほど，洗濯物の水分がはやく蒸発します。
2 2本の木にできるかげは，同じ向きになるはずです。また，2人の子どもはほぼ同じ身長なので，かげの長さも同じくらいになるはずです。うしろの木のかげの長さから考えて，「右の子どものかげが長すぎる。」でも，正解としてかまいません。
3 ①図1から，オーストラリアでも昼と夜が同じ長さであるとわかります。
②図2から，オーストラリアでは昼のほうが夜より長くなることがわかります。

答え

1 ❶ かがみを右に向ける。

  ❷ イ　❸ 3

2 ❶ オ　❷ ウ　❸ ③

答え

1 ❶ イ　❷ 黒

  ❸ ① ア　② イ　③ ウ

  ❹ 白

2 ❶ 太陽の光：イ

  　かい中電灯の光：ア

  ❷ 太陽の光：イ

  　かい中電灯の光：ウ

考え方

1 ❶鏡の向きをかえると，はね返した光の進む方向をかえることができます。「鏡だけを右にずらす」でも正解です。

❸下の図のように，3枚の鏡を使っていると考えられます。太陽の光を直接受ける1枚目を忘れないようにしましょう。

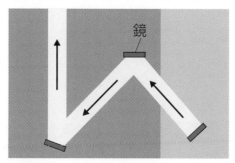

2 ❶虫めがねのレンズに入った光は1点に集まり（ウ），その後広がります。もともと入った光の量はかわらないので，同じ大きさに光が集まっている場所に黒い紙をおくと，同じ明るさに見えます。

❸イでは，真ん中の部分に光が集まっていますが，その周りは虫めがねのかげになるので，暗くなります。

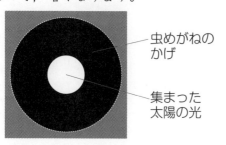

考え方

1 ❹黒よりも白のほうが太陽の光をはね返しやすいため，白い地面の上に立っているほうが地面からの太陽の光の反射が多くなり，日焼けしやすくなります。

2 ❶・❷太陽の光は平行に進むので，ボールがどの位置にあっても，できるかげはボールと同じ大きさになります。

　一方，懐中電灯の光は広がるように進むので，できるかげはボールより大きくなります。また，ボールを光源から遠ざけると，かげは小さくなります。

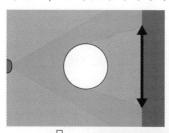

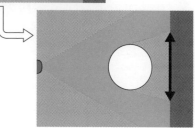

答え

1 ①7 ②10円玉
③左が下がる。

2 ①103 ②イ

3 ①160
②①10 ②1 ③100

考え方

1 ①てんびんは，棒をつるしている点から同じ距離のところに，左右の皿をつるします。

②てんびんは，重いほうのうでが下がります。ちなみに，10円玉は1枚が4.5g，50円玉は1枚が4gです。

③左右で太さが異なるわりばしでは，太いほうが重いので，真ん中でつるすと左が下がってしまいます。

2 ①水に溶けてしまっても，食塩がなくなるわけではありません。できた食塩水は，元の水と食塩の重さが合わさった重さになります。

②イは，足が床についていて，床にも体重の一部がかかっているので，体重計には25kgより少ない体重がかかります。**ウ**はボールを持っているので，その分重くなります。

3 ①150gと200gの間が10こに分かれており，小さい目盛りの1つが5g分だとわかります。

答え

1 ①イ ②イ
③はっぽうポリスチレンが最も大きく，鉄が最も小さい。

2 ①5 ②64
③①4 ②9

考え方

1 ①木の球10個と発泡ポリスチレンの球10個の重さは，
$(40 × 10) + (3 × 10) = 430 (g)$
です。鉄の球は1個で790gなので，鉄の球1個のほうが重いです。

③同じ重さで比べた場合，軽いものほど体積が大きくなります。発泡ポリスチレン，木，鉄の順で大きいということが書けていれば正解です。

2 ②縦2cm，横2cm，高さ2cmのもの（立方体）は，**図1**のもの8個分の大きさです。そのため，重さも8倍になります。

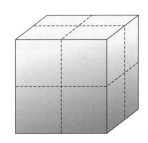

③9gの①と，4gの②を軽いほうに1つずつ増やしていって，同じ重さになる個数をさがします。

答え

1 ①イ ②ウ ③イ
④ア ⑤ア

2 ①ウ
②ほ全体にたくさん風が当たるようにする。
③ア

考え方

1 ②ヨットは，大きな帆で風を受け，風が帆をおす力を利用して進みます。
④風が吹いていく方向に旗はたなびくので，図の左から右へ風が吹いていることがわかります。
⑤風が強いほど，旗が広がるようにたなびきます。風が弱いと，旗の重さで旗は下がります。

2 ①まず，車を右に進ませるためには，進ませたいほうと逆の，左から風を当てる必要があります。なるべく速く進ませるためには，強い風を当てます。
②この車は帆で風を受けることで進むので，帆に風を当てることが大切です。
③厚紙はしっかりしているので，風が当たっても形がかわることはなく，風におされます。一方，色紙は薄いため，この車と同じように貼り付けると，風を受けて下に曲がってしまい，あまり風が当たらず，車があまり進みません。色紙などの薄い紙で帆を作るときは，V字にして貼ったり，かたいもので固定するなどして，紙が曲がらないようにする必要があります。

答え

1 ①ア ②イ
③矢印と反対の方向 ④左

2 ①い ②ア
③輪ゴムをのばした長さが長くなるほど，車が進むきょりも長くなる。
④ウ

考え方

1 ①ゴム鉄砲は，のびたゴムが元にもどろうとする力を利用して輪ゴムを飛ばします。同じ長さのゴムを同じだけのばすのであれば，かたいゴムのほうが元にもどろうとする力が強く，遠くへ飛びます。
③・④矢印の方向に車輪を回すと，ゴムが元にもどろうとするので，手を離せば反対の方向に車輪が回ります。床に置くと，この車輪の動きでおもちゃ全体が進みます。車輪の回転の向きと動く方向は，自転車などが動くときと同じです。

2 ①・②図の③で手を離すと，輪ゴムが元にもどろうとするので，車を引っ張ったのとは逆の向きに車が進みます。
③・④表から，のばした長さが長くなると，動く距離も長くなっていることがわかります。8cmよりさらにゴムをのばすと，8cmのばしたときよりもさらに長い距離，車が動くと考えられます。

答え

1 ①ウ ②イ, ウ ③イ
2 ①ア, ウ, エ ②ア
　③ウ, エ
　④豆電球がソケットにしっかり入っ
　　ていなかったため。
3 ア, エ

考え方

1 ①イのつなぎ方は，導線や乾電池が
熱くなり，大変危険です。
②１円玉はアルミニウム，10円玉は銅で
できており，電気を通します。
③豆電球をつけ続けると電池が減っていき，
光が暗くなってやがて消えてしまいます。
なお，豆電球は長時間つけていると熱く
なりますので，実際に触って温度を確か
めないようにしてください。
2 ②豆電球はアのフィラメントに電流
が流れると明るく光ります。
④豆電球をソケットに最後までねじ込んで
いないと，つきません。なお，理由を問
われているので，「〜から。」「〜ため。」
で文が終わるようにします。
3 乾電池や豆電球の数に関わらず，電
気の通り道が１つの輪になっていると
き，その回路に電流が流れ，豆電球がつ
きます。イとウの電気の通り道をなぞっ
てみると，途中で途切れていることがわ
かります。なお，この問題ではそこまで
問われていませんが，乾電池が２つ以
上あるときに電気の通り道を考える場合，
極の向きにも注意する必要があります。

答え

1 ①ウ ②ア, エ
　③目ざまし時計，体温計　など
2 ①①イ ②エ
　②光ったり消えたりをくり返す。
　③イ ④図１

考え方

1 ①停電になると発電所から電気が送
られてこなくなるので，コンセントに線
をさしこんで使うものは，使えません。
乾電池を使うものは，停電のときや，コ
ンセントのない場所でも使えます。しか
し，乾電池でつくることができる電気は
限られており，やがて使えなくなってし
まいます。
③円柱状の乾電池だけでなく，ボタン型の
ものなどを使っているものでも正解です。
2 ①②・②図２のスイッチは，アルミ
ニウムの上にビニルテープが貼ってある
ことが重要です。片方の導線をアルミニ
ウム上につなげると，スプーンがビニル
テープのある場所に触れている間は電流
が流れず，アルミニウムに触れている間
は電流が流れます。
③スイッチをおしていないとき，豆電球と
乾電池だけで電気の通り道の輪ができる
ので，豆電球は光ります。スイッチをお
すとアルミニウム同士が触れ，乾電池と
導線だけで１つの輪になります。する
と導線に大量の電流が流れ，導線が熱く
なり危険です。

第19回

答え

1 ① イ　②ア　③ウ

2 ①イ
②集まったさ鉄をじしゃくからかんたんにはずすことができるから。

3 ①イ
②①ア　②カ　③ク

考え方

1 ②・③磁石は鉄，ニッケル，コバルトやそれらを多く含む金属を引きつけます。スチール缶は鉄でできており磁石にくっつきますが，アルミニウムでできた缶や１円玉，銅でできた10円玉はくっつきません。ただし，アルミニウムや銅は電気を通すことはできます。

2 ①棒磁石では端ほど磁石の力が強いため，そこに砂鉄が集まります。
②磁石を直接砂に近づけると，砂鉄が磁石に直接くっつきます。砂鉄は小さいため，磁石からきれいにとれません。しかし，磁石にビニル袋をかぶせておくと，袋を裏返すように外せば砂鉄が磁石から離れ，袋の中に入ります。なお，理由を問われているので，「～から。」「～ため。」で文が終わるようにします。

3 ①方位磁針の近くに磁石があると，方位磁針の針が引きつけられ，正しい方位を指さない場合があります。
②方位磁針の針の赤いほうがN極になっていて，北をさします。これは，北極点の近くにS極があり，方位磁針のN極と引き合うためです。

第20回

答え

1 ①①　②★N　☆S

2 ①①N　②S　③N　④S
②イ　③ウ

3 ①ア，イ
②ぼうの真ん中に糸をつけてつるし，北を向くほうを調べる。

考え方

1 ①①のほうがくっついている鉄くぎの数が多いので，磁石の力が強いといえます。
②磁石にくっついて磁石になっている鉄くぎにも極があり，N極とS極が引き合うのは普通の磁石と同じです。

2 ①・③磁石の中に，図のように小さな磁石がたくさ

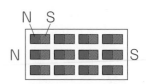

んあると考えるとわかりやすくなります。磁石が割れても，必ずN極とS極ができます。
②同じ材質の磁石では大きさが小さいほうが磁力も弱くなります。

3 ①アとイの端と端を近づけたときのみ，しりぞけ合っています。このことから，それらが磁石でできていると考えられます。鉄と鉄では引きつけ合わず，鉄と磁石ではしりぞけ合わないためです。
②磁石を自由に動くように水に浮かべて北（あるいは南）を指すほうを調べる方法や，すでに極がわかっている磁石を使って極を調べる方法でも正解です。

答え

1 ① イ
   ② ① 聞こえなかった
      ② 聞こえなかった
   ③ つまんだ場所：ウ
      声が聞こえた紙コップ：B，C，F
   ④ つまんだ場所：エ
      声が聞こえた紙コップ：E

考え方

1 ① 紙コップに向かって出した声は，紙コップをふるえさせ，そのふるえがピンとはった糸を伝わって，もう一方の紙コップに伝わります。1歩近づくと，糸がたるみ，糸がふるえにくくなります。
   ② 糸のつなぎ方をかえても声は聞こえますが，声を出しているほうから見て，つまんだ部分より先には声が伝わっていません。
   ③ アをつまむと，アから先には声が伝わらないので，Bだけで声が聞こえます。同様に考えると，イをつまむと，B，D，E，Fで声が聞こえ，ウをつまむと，B，C，Fで声が聞こえ，エをつまむと，B，C，E，Fで声が聞こえます。3つの紙コップで声が聞こえたのは，ウをつまんだときだけです。
   ④ ★をつまんで，Cに向かって声を出すと，A，B，Fには声は伝わりません。さらに，イをつまむと，D，Eにも伝わらなくなります。ウをつまんでも同様です。エをつまんだときは，Eだけで声が聞こえます。アはCから見て★より先なので，アをつまんでも★だけをつまんだときとかわりません。

答え

1 ① ①→④→③→②
   ② 四国   ③ イ   ④ ア
2 ウ
3 ①

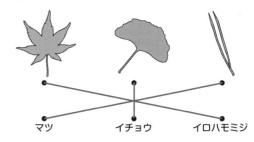

   ② 黄色になるもの：イチョウ
      赤色になるもの：イロハモミジ
   ③ 葉がすべて落ちる。
   ④ イチョウ

考え方

1 ② 春になる，つまり暖かくなると桜の花が咲くことから，暖かくなるのが早い四国のほうが先に花が咲くと考えることができます。ニュースなどで「桜前線」ということばを聞いたことがあれば，日本の南から北へ進むことを教えてあげてもいいですね。
   ④ どれも公園や庭先などでよく見られる植物です。普段から，花の時期や花のつき方を意識できるといいですね。
2 タンポポはロゼットという姿で冬越しします。
3 ②・③ イチョウやイロハモミジは黄葉あるいは紅葉したあと葉を落とし，冬は葉のない状態になります。一方，マツは常緑樹で，一年中緑の葉をつけます。

答え

1　①①イ　②オ　③キ
　　②ア　③イ
2　①ウ　②ウ
　　③たまごを寒さやかんそうから守る
　　　ことができる。
　　④エ

考え方

1　①②「ツクツクホーシ」と鳴くのは
　ツクツクボウシ，「ミーンミンミン」と
　鳴くのはミンミンゼミです。
　②セミの幼虫も，あしは6本です。
　③セミの幼虫は土の中にすみ，木の根から
　樹液を吸って成長し，数回の脱皮を経て
　大きくなります。
2　①トノサマバッタは秋頃にめすが土
　の中に泡に包まれたたまごを産みます。
　アゲハはさなぎ，カブトムシは幼虫のす
　がたで冬越しします。
　②コオロギやスズムシ
　のおすは，羽を立て
　てこすり合わせ，音
　を出します。
　③「卵を寒さから守る」
　あるいは「卵を乾燥
　から守る」のどちらかだけでも正解です。
　また，「天敵から見つかりにくくする」
　といった内容でも正解としてください。
　④ナナホシテントウは，寒さをしのげる枯
　れ葉の下などで成虫の姿で冬越しします。
　人家にいる場合もあります。

スズムシ

答え

1　①イ，エ　②イ
　　③オタマジャクシ
　　④①ア　②オ
2　①ア　②イ
　　③南の国ですごしているから。
　　④ア

考え方

1　①ヘビやアメリカザリガニは，気温
　の低下とともに体温も低下するため，冬
　の寒い時期には活発に動くことができま
　せん。そのため，土の中で冬眠します。
　②ヒキガエルの卵は，ゼリー状のものに包
　まれており，たくさんの卵が長くつな
　がっています。
　④オタマジャクシは水の中，おとなの姿（成
　体）になったカエルは陸上で生活するこ
　とから，呼吸の仕方を考えます。オタマ
　ジャクシの頃はえらをもち，えらで呼吸
　するのに対し，成体は肺で呼吸します。
　なお，成体は皮膚でも呼吸します。
2　①「コケコッコー」はニワトリ，「ピー
　ヒョロロロ」はトビ（トンビ）の鳴き声
　です。
　②ツバメは人家などの軒下に泥などで巣を
　作ります。これは，ひながカラスなどに
　襲われないようにするためです。なお，
　アはスズメバチの巣，ウはキツツキの巣
　です。
　④マガモやハクチョウは，北国から日本に
　やってきて，日本で冬を越します。

答え

1 ① かたのほね：②

太もものほね：④

② うしろあし　③ 図3

④ イ

2 ① ① のきん肉はゆるみ，② のきん肉はちぢむ。

② 関節　③ イ

考え方

1 ① ウサギなどの4本足で歩く動物の肩甲骨は，前あしの骨の上にあります。また，うしろあしの上側の骨が，大腿骨にあたります。

② よく使う筋肉や大きな力を出す筋肉ほど発達します。ウサギはうしろあしをつかって大きくとびはねるので，うしろあしの筋肉が発達しています。

③ 図3はネコ，図4はウマの頭の骨です。肉食動物の歯は，肉を切りさけるように犬歯が発達し，臼歯はギザギザになっています。一方，草食動物の歯は，草をかみ切りやすいように門歯が発達しており，臼歯が平らになっていて草をすりつぶすのに適しています。

2 ③ 心臓は心筋という筋肉のかたまりです。伸縮をたえず繰り返し，全身に血液を送るポンプのはたらきをしています。髪の毛や歯，爪などは，伸び縮みしないことから，筋肉ではないと考えることができます。

答え

1 ① ア　② エ，オ

③ とびらを開けたとき，中の温度計に日光が当たらないようにするため。

2 ① イ

②

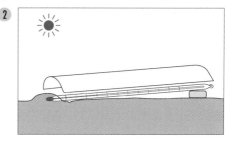

③ ① エ　② キ　③ カ

考え方

1 ① 気温は，地面から1.2〜1.5mの高さで測定する必要があります。そのため，百葉箱の中にある温度計の液だめも，地面から1.2〜1.5mの高さになっています。

② 百葉箱の中には雨が入ってきません。また，壁に覆われているので，風通しはいいとしても，風速を正確に測定することはできません。

③ 「中のものに日光が当たらない」という内容が書けていれば正解としてください。なお，理由を問われているので，「〜から。」「〜ため。」で文が終わるようにします。

2 ① ウは日陰なので，「日光がよく当たる場所」としてふさわしくありません。

② 日光が当たるのを防ぐための，温度計全体を覆うものがかけていれば正解です。

答え

1 ①①ア　②エ　③エ
　②ア　③西
2 ①①×　②○　③×
　②水不足をふせぐこと。

考え方

1 ①①上空に雲があると，昼間は地面に日光が届かず，また夜は地面から熱が逃げにくくなります。そのため，晴れの日に比べ，くもりや雨の日は1日の温度変化は小さくなります。
②晴れの日は，午前中に気温がどんどん高くなります。しかし雲が出てくると気温の上昇は抑えられます。また，その後雨が降ったことから，夜の冷え込みもあまりなかったと考えられます。

2 ①① 台風の目では，いったん風や雨が弱まります。
③ 日本にくる台風は，基本的には最初は北東へ，その後北西へ進みますが，毎回必ず同じ進路を進むわけではありません。季節やそのときの気象状況によって進路は変化します。下は，季節ごとのおもな台風の進路を示した図です。

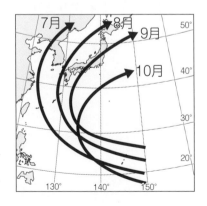

答え

1 ①北極星：こう星　　月：えい星
　②イ
　③地球のまわりを西から東に約24時間で1周するから。
2 ①2.5　②イ
3 ①ウ　②エ

考え方

1 ②地球は自転により約24時間で1周まわっています。1日が24時間なのはこのためです。この自転の速さはほぼ一定で，向きも変化しません。
③日本の上空付近で静止しているように見えるということは，ひまわりが日本列島を追いかけるように動いているためです。地球の自転方向（＝西から東）に，自転と同じ角速度（＝約24時間で360°）で公転することになります。「まわる向き」「まわるのにかかる時間」の2点について書かれていれば，正解です。なお，理由を問われているので，「〜から。」「〜ため。」で文が終わるようにします。
2 ②2等星は3等星の約2.5倍明るく，1等星は2等星の約2.5倍明るいことから，1等星は3等星の約2.5×約2.5倍明るいことになります。小数点同士のかけ算をならっていなくても，答えが2×2より大きく，3×3より小さくなることに気づけるといいですね。

第29回

答え

1 ① 夏の大三角　②②
　　③ 南の空の低い位置。　④ イ
2 ① 北斗七星　②エ
3 ①ア　②ウ

考え方

1 ①デネブ・ベガ・アルタイルという3
つの1等星を結んでできる「夏の大三角」
は、夏の夜空の高い位置に見られます。
②デネブを含む星座がはくちょう座です。
ベガはこと座、アルタイルはわし座に含
まれています。
③「低い位置」であることを書けていれば
正解です。
2 ②北極星はあまり目立たないので、見
つけやすい北斗七星やカシオペア座を利
用して探します。問題文にあるように、
Aの長さを5つ分のばすと、北極星が
見つかります。
3 ①星座早見は、見たい方角を下にし
てかざして使います。
②南の空の星は、東から西の向きへと動く
ように見えます。

第30回

答え

1 ① 北極星
　　②② 西　③ 東　④ 南
　　③ ア
2 ① 15　②②　③イ
　　④ ②

考え方

1 ①～③空全体の星の動きは、次の図の
ようになります。

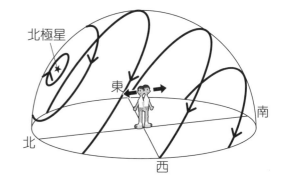

　図のように、西の空を見ると星は左
上から右下へと動きます。
2 ①・②360÷24＝15より、1時間
で反時計回りに15°動くことがわかり
ます。
③・④360÷12＝30より、1か月で反
時計回りに30°、6か月で反時計回り
に180°動くことがわかります。

答え

1 ① ウ　② クレーター
2 ① エ
　② 12日前：ア　　8日後：ウ
3 ① ウ　② ④
　③ 図1の月よりも少し東側に見える。

考え方

1 ① 月の表面で明るく見える所を陸、暗く見える所を海といいます。海とはいえ水はなく、また月には空気もないので、生き物はすんでいません。月にも重力がありますが、地球上の約6分の1なので、同じ重さのものも軽く感じます。

2 ② 満月が再び満月になるまでにかかる日数は約30日です。このことから、満月の12日前は、新月から数日後の、右側が少し光る月であることが考えられます。同様に満月から8日後は、満月から右側が欠けた、左側の半分が光る月だと考えられます。

3 ② 月は太陽と同様に東から出て南の空にのぼり、西に沈みます。そのことから、2時間後は元の位置より西側にあるとわかります。月がのぼって沈むまでおよそ12時間かかるとして、南中からおよそ6時間後に月が沈むと考えます。すると、南中から2時間後にはまだ⑤の位置までは来ていないと見当がつきます。

③ 月が南中してから再び南中するまで約24時間50分かかるということは、次の日の同じ時刻にはまだ南中していないことになります。

答え

1 ① 西
　② あ オ　　い ア　　う イ
　③ ④ ウ　　⑤ ア　　⑥ エ
　④ 東
　⑤ 地球、月、太陽の順で、一直線上にならんでいる。

考え方

1 ① 正面が南だとすると、右手側が西、左手側が東になります。

② えの位置が正午だとすると、反対のいの位置が真夜中（午前0時）になります。地球の自転の向きから、あは正午と午前0時の中間の午後6時、うは午前0時と正午の中間の午前6時だとわかります。

④ 午後6時ごろ、つまりあの位置で、左側が少し欠けた月、つまり②のボールを見ている状態になります。すると、②の月は左手側（東）に見えることがわかります。

⑤ 日食は、地球から太陽を見るとき、太陽の前に月がきて、太陽が月に隠されることで起こります。3つの星の並ぶ順と、一直線上に並ぶことの2点について触れていたら正解です。

答え

1 ①ア　②ウ　③×

　　④ピストンはまったく下がらない。

2 ①ウ　②ウ

3 ①イ→エ→ア→ウ　②ア

考え方

1 ②指を離すと空気は元の体積に戻るので，ピストンは元の位置まで戻ります。

③ピストンを押せば押すほど，空気の手応えも大きくなっていきます。中の空気がなくなることはないので，どんなに大きな力をかけても，ピストンをいちばん下まで押し下げることはできません。

④水は空気と違い，力を加えても押し縮めることはできないので，ピストンは下がりません。

2 ①空気を押し縮めても，空気が減ったりなくなったりするわけではないので，重さは変わりません。

3 ①空気でっぽうでは，栓が玉を直接押し出すのではありません。押し棒を押すことで筒の中の空気が押し縮められ，押し縮められた空気が元に戻ろうとする力によって，玉が押され，前へ飛ばされます。

②水を押し縮めることはできないので，押し棒を押すとその分水がずれ，玉が押されます。その結果，玉はいきおいよく飛ぶことなく，ただ下に落ちます。玉を水でしめらせると，空気の出る隙間がなくなり，よりしっかりと空気を閉じ込めることができます。

答え

1 ①・ビーカーの中にふっとう石を入れる。

　　・温度計がビーカーにふれないようにする。

②100　③イ

④①イ　②エ　⑤ウ

2 ①イ　②ウ

考え方

1 ①水を加熱するとき，急に激しく沸騰することがあります（突沸）。そうすると，熱い湯や水蒸気が飛び散って，たいへん危険です。低温のうちに沸騰石を入れておくことで突沸を防ぎます。

③水は沸騰していなくても，水面から少しずつ蒸発しています。

④実験用ガスコンロからの熱は，はじめは水の温度上昇に使われます。しかし，沸騰が始まると，熱はすべて水から水蒸気への状態変化のために使われます。そのため，すべての水が水蒸気になるまで，温度は上昇しません。

⑤水の量を2倍にすると，同じだけ温度上昇させるのに2倍の熱が必要です。そのため，同じように実験用ガスコンロで熱する場合，2倍の時間がかかると考えられます。

2 ②水を冷やしていくときと同じように考えます。氷と水が混ざった状態ということは，水を冷やしていくときに水がこおり始めたときと同じです。

答え

1 ア，オ，カ

2 ① 0℃よりも低い温度にすることが
   できるから。

   ②
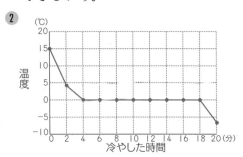

   ③ 2分後：**ア**　　10分後：**イ**
   　 20分後：**ウ**

   ④ **ア**

3 水たまりができやすいほかの場所に
   くらべて，すな場は地面に水がしみこみ
   やすいから。

考え方

1 水が水面や地面などから水蒸気に
   なって出ていくのが蒸発です。

2 ①「0℃より低くできる」ことが書け
   ていれば正解です。なお，理由を問われ
   ているので，「〜から。」「〜ため。」で文
   が終わるようにします。

   ②表に出ている数値をすべてグラフ上に点
   で書き入れ，点と点を直線で結んでいれ
   ば，正解です。

3 砂場の砂は，水たまりができやすい
   ほかの場所の土に比べて粒が大きいため，
   地面に水がしみこみやすく，雨が降って
   も水たまりができにくくなっています。
   「すなのつぶの大きさは，ほかの場所の
   土のつぶよりも大きいから。」などでも
   正解です。

答え

1 ①**イ**　　②**ウ**　　③**ア**
   ④**ア**

2 ①4　　②132　　③25

考え方

1 ②水をあたためている間に蒸発はな
   かったことから，水の重さは変化してい
   ないと考えられます。

   ③80℃にあたためたとき，水の重さは変
   化せず，体積のみ大きくなったことから，
   同じ体積あたりの重さは減ったと考えら
   れます。

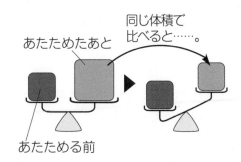

   ④温度変化による水（液体）の体積変化は
   わずかです。しかし，水が氷（固体）に
   なると，体積は1割程度も大きくなり
   ます。

2 会話に沿って表の数値を読むことで，
   体積変化の規則を見つける問題です。体
   積が4L増えるためには10℃の温度変
   化が必要なので，その半分の2L増え
   るためには，温度変化も半分の5℃だと
   考えることができます。

答え

1 ① イ, ウ, カ ② ウ

2 ① エ
  ② イ

3 ① 空気だったとき：ア
    水だったとき：ウ
  ② 空気とちがい，水は温度変化による体積の変化が目に見えるほど大きくないから。

考え方

1 ① 玉の体積を小さくしたり，輪の体積を大きくしたりすると，玉が通ります。
② 金属は温度が高いほど体積が大きくなるので，冬より夏の方が体積が大きくなります。

2 ① 空気の体積が大きくなると，水が押されて水面が下がり，その分の水がストロー内に入ります。
② ストローから水があふれ出てきたということは，水が空気に押されて水面が下がり，ストロー内を水がのぼっていったとわかります。よって，容器の中の空気があたためられ，体積が大きくなったと考えられます。

3 ② 「温度変化による水の体積変化が小さい」という内容が書けていれば正解です。なお，理由を問われているので，「～から。」「～ため。」で文が終わるようにします。

答え

1 ① 熱が伝わったことを目で見てわかりやすくするため。
  ② ①イ ②カ ③キ

2 ① アルミニウム ② 銀
  ③ 40
  ④ ①鉄 ②はやい

考え方

1 ① 金属の板そのままでは，どこまで熱が伝わったか，目で見て確認することができません。薄くろうがぬってあれば，ろうが溶けた所まで熱が伝わってきたとわかります。なお，理由を問われているので，「～から。」「～ため。」で文が終わるようにします。
② 金属はあたためた場所から近い所から順にあたたまっていきます。しかし，板の切り込みの部分を飛び越えてあたたまることはありません。

2 ① 金属は，木やガラス，プラスチックなどに比べて熱が伝わるのが速い物質です。夏の暑い日に，金属でできた物がとても熱くなることなどから考えます。
③ 金属Bでできた60cmの棒では，左端から右端まで熱が伝わるのにかかる時間は20秒でした。つまり，切った金属Aの棒でも，20秒で右端から左端に熱が伝わったとわかります。金属Aでできた棒は，60cmの距離を熱が伝わるのに30秒かかりました。すなわち，1秒で2cmの距離を伝わるので，20秒では40cmとなります。

答え

1. ①①ア ②イ ③オ
　 ②下 ③ア
2. ①ア ②イ ③③

考え方

1. ②あたたかい空気は上へ動くので，はじめから上へ送るとそのまま上にたまってしまいます。下へ送ると上へ動こうとし，部屋に空気の流れができて，部屋全体があたたまります。

③冷たい空気は下へ動きます。そのため，箱の上のほうに保冷剤があると，上のほうの空気が冷やされて下へ動き，ぬるい空気が上へ動くので，箱の中全体が冷やされます。

2. ②風呂の湯をそのまま置いておくと，冷めた湯は下へ動き，あたたかい湯が上にたまります。

③実験用ガスコンロの炎を試験管の上のほうに当てた場合，上のほうの水があたたまります。あたたまった水は下のほうへは動かないので，水が混ざらず，試験管の中の水全体があたたまるのにはとても時間がかかってしまいます。一方，炎を試験管の下のほうに当てた場合，下のほうの水があたたまり，上へと動きます。その結果，上と下の水が入れ替わり，試験管の中の水全体を効率よくあたためることができます。

答え

1. ①イ ②すな
　 ③海側から陸側
　 ④すなと水を置いたときとは反対向きに空気が動く。
2. ①ウ ②エ

考え方

1. ①・②線香の煙の動き方から，砂の上の空気があたためられて上に動いていることが考えられます。そのことから，水の上の空気よりも，砂の上の空気のほうがはやくあたためられるとわかります。

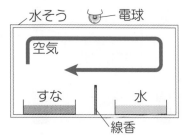

③砂の上を陸，水の上を海と考えることができます。すると，立っている位置，つまり水槽の下のほうでは，海側から陸側へ空気が動く（風が吹く）とわかります。

④白い砂よりも黒い砂のほうが光によってあたたまりやすいため，黒い砂の上の空気のほうがはやくあたたまります。そのため，はじめの実験とは逆向きに空気が動きます。「すなと水を置いたときは時計回りに空気が動いたが，白いすなと黒いすなにかえると，反時計回りに空気が動く」など，砂と水を置いた場合と比べて書けていれば，正解です。

2. ①・②「J」という見慣れない単位が出てきますが，基本の「1gの水の温度を1℃上げるのに約4.2J必要」に照らし合わせて考えます。

答え

1 ①①あ ②え ②イ
③ウ
④車を速く走らせたいとき

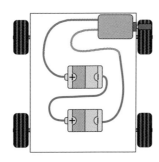

車を長い時間走らせたいとき

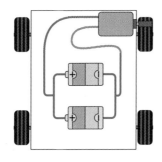

2 ①図1 ②図1

考え方

1 ④乾電池の極が正しくつながっていれば，模範解答と異なるつなぎ方をかいていても，正解です。

2 ①図1のように豆電球を直列つなぎにした場合，一方の豆電球をソケットからはずすとそこで回路が途切れてしまいます。

②豆電球が明るいほうが，たくさんの電気を使っていると考えられます。図1と図2は同じ乾電池を使っているので，図1のほうが長持ちするとわかります。

答え

1 ①ア ②イ
③

2 ①B ②イ

考え方

1 ①豆電球が1個，乾電池が2個直列つなぎになっているものを選びます。

②豆電球が2個並列つなぎになっていて，乾電池が1個つながっているものを選びます。

③つなぎ方が正しければ，線のかき方が模範解答と少し違っていても正解としてください。

2 ①・②乾電池1個の場合（A）と，乾電池2個の直列つなぎの場合（B）は，豆電球を流れる電流の大きさは乾電池2個の直列つなぎのほうが大きくなります。また，乾電池1個の場合と，乾電池2個の並列つなぎの場合（C）は，豆電球を流れる電流の大きさは同じです。Dの並列つなぎの部分は，乾電池1個にしても同じ電流の大きさと考えられるので，BとDの豆電球は同じ明るさになります。

答え

1 ①直列つなぎ：**イ**
へい列つなぎ：**ア**
②**エ**
③モーターの回転の向きは反対になるが、回転の速さはかわらない。

2 ①**ア** ②**ウ、エ**

考え方

1 ①乾電池の数を増やして直列つなぎにしたときは、回路に流れる電流は乾電池１個のときよりも大きくなります。一方、並列つなぎの場合、乾電池の数を増やしても、回路に流れる電流の大きさはかわりません。

②乾電池の向きを反対にすると、電流の向きも反対になります。そのため、検流計の針の向きも反対になります。

③「回転の向きが反対になる」ことと、「回転の速さは変わらない」ことの２点を書けていれば、正解です。

2 ②乾電池が単１形でも単３形でも、豆電球の明るさはかわらないということは、回路に流れる電流の大きさがかわらないことになります。一方、豆電球が光っている時間に差があるということは、電気を出すことができる時間の長さに違いがあるということがわかります。

答え

1 ①２ ②**エ** ③**イ**
④遠くまでたねを飛ばすことができるので、遠くでなかまをふやすことができる。
⑤**ウ**

2 ①70 ②**N** ③**イ**

考え方

1 ②**ア**はカーネーション、**イ**はツバキ、**ウ**はツツジの花です。

③くもりの日は、日光が当たらない分昼間は温度が上がりません。その一方、夜は雲によって宇宙へ熱が逃げることが遮られるため、あまり冷え込みません。

④「たねが遠くへ飛ぶ」ことと、そのことで「遠くでなかまをふやすことができる」ことの両方を書けていればよりよいですが、どちらかしか書けていなくても正解としてかまいません。

2 ①はかりには、筒、磁石２個すべての重さがかかります。

②磁石が浮いているということは、下の磁石と上の磁石が反発し合っているからだと考えられます。下の磁石の上側がN極であるため、上の磁石の下側はそれと反発するN極であるとわかります。

③はかりが示す数値から、筒、磁石２個を合わせた重さがはかりにかかっていることがわかります。

答え

1 1 ア　2 ウ　3 ア

　4 イネの葉→トノサマバッタ
　　→オオカマキリ

　5 すき間は夏に小さくなり，冬に大きくなる。

　6 イ

　7 月のかたち：**ウ**　　時刻：**キ**

考え方

1 1 ゲンゴロウは水の中にすむ昆虫で，ほかの昆虫や小さな動物を食べます。

　2 バッタやカマキリのなかまは不完全変態で，幼虫のあとさなぎにならずに成虫になります。

　4 食べられる生き物から順に並べます。イネの葉はトノサマバッタに食べられ，トノサマバッタはオオカマキリに食べられます。

　5 金属は温度が高いほど体積が大きくなるので，気温が高くなる夏にはレールも体積が大きくなり，その結果すき間が小さくなります。

　6 夕方に空の高い位置に見える半月は，右側が光った半月です。

　7 右側が光った半月は，どんどん光る部分が大きくなり，1週間ほどで満月になります。満月は，午前0時ごろに真南の空の高い位置に上ります。

答え

1 1 ア　2 ②

　3 コップの中の水がじょう発し，へったから。

2 1 ア　2 イ

3 1 カシオペア　2 ②

考え方

1 1 棒の影は，午前中はだんだん短くなって正午ごろ最も短くなり，そのあとだんだん長くなります。図の線は，棒の影の先端の位置を示している事に注意しましょう。

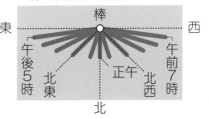

棒の真上から見たところ

　3 「水が蒸発した」という内容を書けていれば正解です。なお，理由を問われているので，「～から。」「～ため。」で文が終わるようにします。

2 1 手回し発電機は，モーターと反対の仕組みを持っています。モーターでは電流の向きが逆になると回転が逆になります。手回し発電機では，回転の向きが逆になると，電流の向きが逆になります。

3 2 北の空の星は，反時計回りに動きます。

Z-KAI